奇龍族學園

數碼力
大啟動

黃書熙　著
何俊熹

Yoogle

新雅文化事業有限公司
www.sunya.com.hk

目 錄

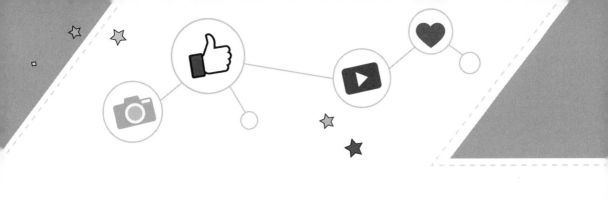

奇龍族學園人物介紹

奇洛

充滿好奇心，愛動腦筋和接受挑戰，在朋友之中有「數學王子」之稱。

魯飛

古靈精怪，有點頑皮，雖然體形有點胖，但身手卻非常敏捷，最好的朋友是小他四年的多多。

小寶

陽光女孩，愛運動，個性開朗，愛結識朋友。

伊雪

沒有什麼缺點，也沒有什麼優點，有一點點虛榮心。

貝莉

生於小康之家，聰明伶俐，擅長數學，但有點高傲。喜歡奇洛。

海力

非常懂事，做任何事都竭盡全力，很用功讀書。

布加

小寶的哥哥，富有同情心，是社區中的大哥哥，深受大小朋友的喜愛。

多多

奇洛的弟弟，天真開朗，活潑好動，愛玩愛吃，最怕看書。

5

滿載回憶的信件

　　這天，小寶和父母一起清理家中舊物，一家人翻箱倒櫃的整理着要扔掉的物件。小寶找到很多自己幼稚園時期的照片，正手舞足蹈地和哥哥布加說小時候的趣事。

　　小寶說得高興，不小心碰到頭頂上方的箱子，幸好布加**眼明手快**拉開她，小寶才免於「**中頭獎**」。一堆泛黃的信件從箱子裏掉出來，還有一張寫滿字的信紙正好飄落在小寶手上。

　　兄妹倆看了一會兒，才從下款的署名猜到這些信件應該是爸爸媽媽年輕時寫給對方的**情信**。他們狡猾地互望一眼，便拿着信件找爸爸媽媽。

　　小寶揚了揚手上的信件，笑問：「爸爸媽媽，你們猜猜我們發現了什麼寶物？」

　　媽媽看了一眼便認出那些信件，尷尬地說：「你們兩個小鬼頭！這些信件是在哪裏找到的？一定是當年搬家

時和你們的舊物放在一起了！」

　　布加好奇地問：「你們當年是怎樣相識的？為什麼要寫信**溝通**呢？當時應該已經有電話了啊！」

　　「當年我認識你爸爸不久，他便去了外國讀書。那時候**長途電話**收費很昂貴的，我們難以負擔經常打電話

聯絡，所以只能書信來往了。」媽媽拿着信件回憶着説。

「那麼你們多久書信來往一次啊？這裏每封信都是厚厚的，想必是寫了很多東西吧！」小寶問。

「當年的**郵政服務**不像今天那麼快捷，空郵到外國的信件需時近半個月，平郵則要更長時間，所以每次我們都會寫下整個月所發生的事。」爸爸説。

「哇！真的要等很久啊！現在我們只要按一按**手機**就能把訊息發送給對方，又或者像我們上星期用**視像通話程式**就可以見到居住在加拿大的婆婆了！」小寶説。

「是啊！現在有了**互聯網**，就算身處世界任何地方，基本上只要有手機，連上互聯網，就可以**即時通訊**，不用像從前郵寄書信般等這麼久。」媽媽感慨地説。

爸爸接着説：「互聯網的發明確實拉近了人與人之間的距離，我們無論是溝通還是搜尋資訊都方便得多！就算學校因突發事件而要停課，你們也可以透過互聯網繼續**網課**，盡量維持學習進度。你們應該慶幸生於一個**資訊科技發達**的時代呢！」

數碼小學堂

互聯網傳輸數據的方法

小朋友，各式各樣的電子設備已跟我們的生活密不可分，但你可知道，在令人眼花繚亂的電子世界中，所有設備都在處理同一種東西，那就是「數據」。在資訊科技世界中，音樂是數據，文字是數據，每點一下滑鼠作出的指令也是數據。

數據對電腦來說，就像人類的血液一樣，不過人類的血液不會經常傳輸到他人身上，而數據在電子設備之間卻是經常流動。當不同電子設備之間的數據開始傳輸，它們便會連接起來，形成「區域網絡」；而將世界上大量的區域網絡連接起來，就成為「互聯網」。

連接互聯網，除了要有電腦外，最少還要經過兩種設備。一種是交換器（switch），把區域網絡連接起來。另一種是路由器（router），將數據由區域網絡連到世界的廣域網絡。互聯網就是世界上最大的廣域網絡。

交換器

連接區域網絡

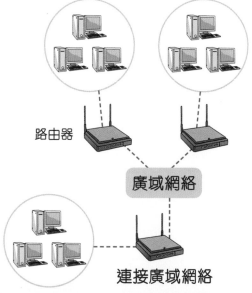

路由器

廣域網絡

連接廣域網絡

我們會用互聯網瀏覽網站、發送電子郵件等，電腦如何連接不同的網絡功能呢？

每種網絡功能都有自己的通訊協定，例如瀏覽網站時電腦會用 http，使用電郵功能時用 smtp、imap 等，電腦會運用不同的通訊協定來進行不同功能的網絡連接。

是不是用電腦或手機就可以上網呢？

上網需要具備交換器和路由器，例如有支援無線連接的 Wi-Fi 路由器。通常我們向互聯網服務供應商申請服務時，他們會在我們家中設置小盒子，那就是一個具備路由器及交換器功能的小型設備。

聽說長時間上網會耗盡網絡數據限額，到底什麼東西耗用最多數據？

當我們瀏覽網頁時，涉及的數據種類包括文字、圖片、聲音和影片，其中影片的檔案大小最大，其次是聲音及圖片，最小的是文字。如果瀏覽網頁時常常開啟影片，便會消耗大量數據，不過會否用盡則視乎所選購的數據用量計劃了。

為什麼無法連上網站？

多多想連上學校的網上學習平台做功課，但出現了不同情況以致無法連上該網站。小朋友，請你根據以下的圖找出原因吧。

1 電腦右下角圖示顯示：

2 電腦右下角圖示顯示：

3 打開瀏覽器後，連接到學校的網上學習平台網站，出現：

A. 家中的網絡可能沒有問題而是學習平台網站不能運作。

B. 電腦使用有線連接但沒有接上網絡線。

C. 電腦使用無線連接但信號過於微弱。

物聯網的用途
神奇家電

今天萬里無雲，**烈日當空**。奇洛和多多剛剛放學，拖着疲累的身軀結伴回家。

「回去後，如果媽媽不在家，我們一定要馬上開啟所有**風扇**及**冷氣機**降溫才行！」多多流着汗説。

「我還要喝**雪櫃**裏冰凍的汽水，再吃雪糕，這樣才是最高享受！」奇洛光是幻想就露出了滿足的笑容。

奇洛和多多終於回到家，趁着媽媽還未回來，馬上開啟客廳的冷氣機。可惜剛剛開啟的冷氣機，吹出來的風不夠冰涼，兩兄弟仍然**滿身大汗**。他們乾脆站在冷氣機的出風口前，可是仍然**沒有冰涼的感覺**。

更令兩兄弟意想不到的是，原本放在雪櫃的汽水與雪糕都**不翼而飛**了！整個雪櫃空空如也，連其他食物都不見了！他們嚇了一跳，莫非家裏來了賊人，把雪櫃裏的食物都**偷光了**？

這時，媽媽回到家中，聽見奇洛和多多大驚小怪的叫着，便跟他們解釋。「家裏的冷氣機和雪櫃用了很多年，機器已經老化，變得不再涼快了。我早前買了最新款的**智能冷氣機**及**智能雪櫃**，它們的新功能一定會讓你們大開眼界！」

等了一會兒，安裝電器的師傅終於來了！他用智能手機打開智能家居應用程式介紹説：「智能雪櫃及智能冷氣機都運用了**物聯網技術**，這技術讓我們可以透過手機應用程式遠端連接不同家庭電器，例如遙控開關冷氣機，設定在你回家前便預先開啟冷氣機。那麼當你們一回到家，就可以馬上享受涼快的冷氣，同時又不會太浪費電力。」

聽到這麼方便的新功能，奇洛和多多都忍不住**歡呼起來**！

安裝師傅繼續講解：「這個智能雪櫃利用了**壓力感應器**，手機應用程式可以顯示雪櫃裏不同層格內的剩餘食物和飲品數量，提示你們什麼時候要購買食物和飲品，

甚至什麼食物即將過期要儘快食用，也可以發送提示短信呢。」

兩兄弟望着這兩部高科技的電器雙眼發光，馬上拿出手機下載**應用程式**，興高采烈地研究還有什麼物聯網功能。

媽媽也拿着手機，露出勝利的笑容。「哈哈！有了這個物聯網技術，你們就算偷偷喝了一罐汽水，媽媽也可以馬上從手機上查到呢！以後你們可要守規矩了！」

數碼小學堂

物聯網造就智能生活

　　故事所提及的物聯網概念，顧名思義，就是將很多不同功能的物件，用無線網絡連接起來，使它們能夠互相溝通，並分工合作。

　　在日常生活中，比較常見的物聯網應用就是智能家居。一個智能家居系統很多時候會連上家中的各種電器，例如冷氣機及煮食爐具等，它們各有獨立功能，而且分布在家中不同地方，但利用智能系統便可以統一收集各電器的狀態，並且可以通過你的智能手機統一控制。它們甚至可以自行作出決定，為我們的生活帶來便利。

　　如故事中所說，物聯網可以協助我們控制全屋電器，讓我們在回家前就能夠預先開啟冷氣機，就好像我們擁有了一個超級遙控器似的。而將物聯網覆蓋整個城市，就可以將整個城市智能化，例如讓人們使用手機就查到下一班巴士在什麼位置，以至路面情況等，與我們的日常生活息息相關。

物聯網和互聯網是相同的東西嗎?

物聯網其實是互聯網的一個部分。互聯網是由許多不同種類的電子設備（包括手機、電腦等）和小型網絡連接而成，而物聯網是它的其中一個應用方式。

到底智能家居中的智能電器有多聰明呢?

智能電器實際上是基礎的人工智能，運作方式類似人類大腦：人類經由五官接收環境資訊，再傳到大腦分析，然後做出決定。而智能電器則透過溫度感應器、光暗感應器等來感應環境狀態，再根據這些資訊作出開燈、開啟冷氣機的動作。

智能城市那麼大，不同的東西是怎樣連上網絡的?

不同物聯網都需要數據傳輸技術，在智能家居等小型物聯網中可用有線連接，但大型物聯網如智能城市則必須用無線連接，即是在需要網絡覆蓋的地方架設無線發射站，以無線電波連接該範圍的設備。大型物聯網所包含的功能越多，所需傳輸的數據量越大，因此網速快，傳送量大的 5G 技術可使物聯網大行其道!

設計智能家居

下圖是一個智能家居，到底那些智能電器可以有什麼功能呢？請寫出你的想法。

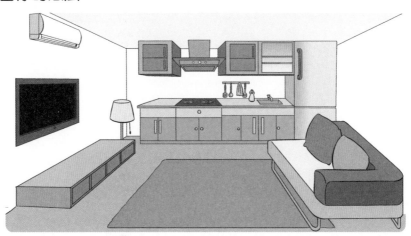

例 設　　備：冷氣機
智能功能：在住戶回家前，自行開啟冷氣。

1 設　　備：雪櫃
智能功能：＿＿＿＿＿＿＿＿＿＿＿＿＿＿＿＿＿＿＿

2 設　　備：電視機
智能功能：＿＿＿＿＿＿＿＿＿＿＿＿＿＿＿＿＿＿＿

3 設　　備：電燈
智能功能：＿＿＿＿＿＿＿＿＿＿＿＿＿＿＿＿＿＿＿

挑戰題

請發揮創意在圖中加入你想要的智能電器吧！

今天是學校的**旅行日**，同學們都非常興奮地討論着待會野餐及玩樂的安排。

奇洛坐上學校旅遊巴後，便迫不及待和旁邊的同學分享着：「海力！魯飛！你們昨晚有沒有看過最新的那個 Youtuber 發布的**搞笑影片**？真是滑稽又有趣！尤其是當他⋯⋯哈哈⋯⋯哈哈⋯⋯真的很好笑呢。」

奇洛一邊說，一邊忍不住笑，把影片內容說得斷斷續續的，海力和魯飛都摸不着頭腦。

「不如你直接把影片給我們看看吧！是不是真的這麼搞笑呢？」海力建議說。

「好啊！讓我先開啟手機的**流動數據**，然後再讓你們一起看！」原來奇洛的智能手機並不是使用無限數據計劃，而是限量限速的普通計劃，所以他每次外出都會關掉流動數據，以免超過使用限額。

怎料奇洛開啟影片的應用程式後，屏幕一直顯示**加載中**的符號。三人望着屏幕等了好一會兒還是什麼也看不到，直到旅遊巴駛出海底隧道後，奇洛的手機屏幕才顯示出一個充滿**像素格**（pixel）的模糊畫面。

魯飛等得不耐煩了，一把搶過奇洛的手機說：「你的手機只是接收到 **3G** 的信號，網速太慢了，根本不適合看影片！」他拿出自己的手機說：「我爸爸給我安排的

是 **5G** 的最新流動數據計劃，速度快很多，你用我的手機播放你剛才說的影片吧！」

奇洛見自己分享不成，心裏有點不是味兒。他接過魯飛的手機搜尋着影片。只見使用 5G 網絡的手機即時載入影片的畫面，**順暢**而**清晰**地播放着影片。

旅遊巴突然在路上停了下來，原來前面剛好有一個戶外演唱會結束，大量觀眾正在離開會場，令路面短暫出現**堵車**的情況。「唉！真不巧遇上了人潮，看來要等十多分鐘待人流散去後才可以**繼續前進**了！」旅遊巴司機向帶隊老師交代着情況。

這時，魯飛手機的影片應用程式也顯示**加載中**的符號，他們又看不到影片了。「為什麼會這樣的？平常我幾乎不用等待加載就可以看到影片！這個網絡真差勁，我要叫爸爸把我的數據計劃**再升級**才夠快！」魯飛抱怨着說。

海力聳聳肩苦笑說：「看來不只是路面會堵車，連數據網絡也出現堵車呢！可能是因為太多人同時上網，就算是快速的 5G 網絡也**吃不消**了。我們還是耐心等一等，待會兒再看吧！」

5G 網速的秘密

　　我們日常生活中常見的 4G 和最近發展出的 5G 網絡，都屬於流動通訊網絡。G 源自英文 Generation，是「一代」的意思。

　　由 2.5G 到 5G，各代流動通訊網絡都運用了數碼訊號的蜂巢式網絡，即是將想要覆蓋的地域分割做一個個小區域，再於每個區域放置一個收發器（即發送器和接收器的組合），就像蜂巢上有很多個小格一樣。每當用戶由一個小格移動到另一個小格時，就會自動連接到新的收發器。

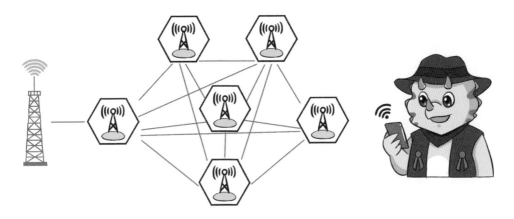

　　2020 年是 5G 進駐網絡世界的年代，到底 5G 跟 4G 的分別是什麼？簡單而言，就是將範圍分割得更細小，用更多的小型收發器覆蓋地域，帶來十倍以上的傳輸速率和更少的網絡延遲。高速 5G 服務的速度可達 100-900Mbps，在下載速度不受限制下，如果採用一般智能手機的影片制式，可以在 5 分鐘內下載一部 3840 x 2160 畫質的 1 小時影片；而比較快的 4G 網絡，則很可能要 1 小時以上。

是不是所有地方都會使用 5G 呢？

有少部分地方不太適合使用 5G。5G 有賴短而密集的收發距離以達致高速傳輸，因此在西貢或大嶼山的部分鄉郊地方，用家相距發射站可能很遠，使用覆蓋距離較遠的 4G 或其他遠距傳輸技術無疑是更好的選擇。😊

5G 網絡收發器的覆蓋範圍較以前小，是否表示要興建更多網絡發射站？

不必。5G 網絡由小型收發器組成，它的收發器安置在各區現有建築物內（例如數碼港、科學園、海港城、奧海城、屯門市廣場等）即可。

5G 網絡會為我們的生活帶來什麼影響呢？😲

最顯著改變的應該是智能城市等物聯網，以及大數據應用，因為兩者均需要快速地傳輸大量的數據。此外，大部分建基於 5G 而來的新服務都依賴它的一大重點——實時傳輸。以智能家居為例，5G 的網速足夠快，傳送量也夠大，令我們可實時獲得家中情況和控制家中的電器。

網速對通訊有何影響？

小朋友，下面三幅圖代表了通訊方式因應無線網絡而作出的改進，請試試配對出它們的網絡最少處於什麼時代。

用大哥大電話通訊　　用 SMS/WhatsApp 等　　用視像通話
　　　　　　　　　　通訊軟件

●　　　　　　　　　　●　　　　　　　　　　●

●　　　　　　　　　　●　　　　　　　　　　●

A. 沒有無線網絡　　B. 4G（多媒體或　　C. 3G（文字訊息）
　　　　　　　　　　　視像通話）

挑戰題

你有沒有發現上面沒有提及只有 5G 可做到的通訊方式？那是因為 5G 仍是較新的技術，過往的通訊方式它都可以輕易負擔，只有 5G 可做到的通訊方式則尚未出現。小朋友，科技不斷發展，你希望未來還有什麼樣的通訊方式呢？

天啊！手機不見了！

一天下午，小寶和朋友正在公園裏面玩**捉迷藏**。他們互相追逐，東躲西藏的玩得不亦樂乎。滿頭大汗的小寶躲進了草叢堆中，正探頭探腦地找其他同伴的身影。

伊雪和奇洛找了好一會兒都找不到小寶，只能高聲說：「我們認輸了，小寶你出來吧！差不多要回家了！」

「哈哈哈！這次又是我贏了！我是**捉迷藏之王**呢！」小寶得意洋洋地跳出來說。

「要不是剛剛媽媽打電話叫我回家吃晚飯，我一定很快可以找到你的！」奇洛不忿地說。

「哈哈！明天我們再來玩吧！我也要打電話回家向媽媽報告行蹤了！咦？我的**手機**呢？放在哪裏了？」小寶翻弄着小手袋，卻怎樣也找不到自己的智能手機。

「會不會是剛才玩耍時掉了出來？我們和你一起找找吧！」伊雪主動提出。

他們回到剛才小寶躲藏的每一處找，幾乎反轉整個公園，連草叢堆的樹葉也找過了，也不見手機的蹤影。

小寶急得哭了出來：「嗚嗚……怎麼辦？手機裏面儲存了很多資料啊！我去旅行的**照片**、跟你們拍攝的**影片**、同學的**聯絡資料**，還有**遊戲紀錄**通通都沒有了！」

面對着傷心的小寶，奇洛只能說：「我借手機給你，你打電話回家找哥哥布加來幫忙吧！」

布加很快就來到公園，先安慰了仍在哭的小寶，陪她再一次找遍整個公園，可惜最後還是**找不到**手機。

回家後，雖然爸爸媽媽沒有責怪小寶，並答應明天給她買一部新手機，但她一想到遺失了手機裏面所有重要的資料，便又難過得**淚眼汪汪**了。

這時，布加拿着平板電腦走進小寶的房間，神秘地說：「小寶別再難過了，你看哥哥幫你找回了什麼？」

小寶張開眼睛一看，電腦屏幕上竟然顯示着她手機裏面的照片、影片及其他資料，她馬上**破涕為笑**。

「我研究過你手機的型號，裏面原來有**雲端備份**的功能！你之前一定是開啟了雲端儲存服務而自己沒有留意，現在所有資料都安穩的在**網上的儲存空間**內，沒有因為你丟了手機而不見了！」布加耐心地解釋着。

小寶聽到後高興地叫嚷着：「**哥哥你是最棒的！**全靠這個雲端儲存，我以後的資料都不怕遺失了！」

數碼小學堂

雲端技術非常「貼地」

　　故事中，布加所使用的是雲端技術的其中一個功能 —— 雲端儲存。近年興起的雲端技術為我們的資訊生活帶來翻天覆地的改變，除了雲端儲存外，還有如 PayPal 等的雲端支付、Amazon 的雲端作業系統（連接上網可登入個人電腦）等，已經成為我們生活中密不可分的服務。

　　雲端服務建基於一個劃時代技術 —— 雲端運算，隨着網絡技術成熟，數據於網絡上的傳輸速度增長數以千倍計，穩定程度亦得到保證，令我們的各種電子設備，例如電話、電腦等，得以將部分的運算工作「外判」給網絡上其他擁有強大運算能力的設備，同時可以將自身的數據（例如備份數據）存放在那些網絡的設備上，這就是雲端技術的基礎。

　　當你的數據上傳到雲端儲存器上，意味着不管你現在手上的是什麼電子設備，只要使用了你的帳號登入，就能夠存取你的數據。

27

前面提及我們的電腦有可能將部分運算和數據交由網絡上的其他設備處理，那會交給什麼人？

使用這些服務時，我們的電腦會連上網絡上的雲端伺服器。伺服器就像一部運算能力較強的電腦，專為提供特定服務給不同用家而設，而這次的服務是雲端服務，因此稱為雲端伺服器。

雲端會不會有爆滿的一天？

將檔案放在雲端，就可以把自己電腦的儲存空間節省下來，但這些數據還是要找地方儲存的。事實上，我們只是把數據存放到隨時能接達的雲端伺服器，那是由別人所提供，專用作儲存雲端數據的電腦，如果他們沒有為我們準備足夠大的容量，就有可能會爆滿。

我開啟了手機內的雲端備份功能，如果我的手機遺失了，那該怎麼辦？

因為雲端系統用登入帳號來辨別使用者身分，所以拾獲電話的人，有可能可以得到你所有儲存的數據。因此，如果確定手機已被他人拾獲，應該立刻經由其他電子設備的瀏覽器，登入你的雲端帳號，將相關設備跟帳號斷開連接。

數碼小達人訓練

雲端服務知多少？

布加有一部智能手機和一部平板電腦。他將兩部設備的數據分別同步到 Yoogle 雲端和 Cisoft 雲端，但在使用時出現了一些問題。

1 兩部設備的數據無法相通，你能想到是什麼原因嗎？

A. 兩個雲端系統屬於不同公司，並不相通。

B. 沒有無線網絡。

2 布加一直用雲端服務備份相片，有一天他的手機出現了一個提示：<u>icloud 儲存空間已滿</u>。布加知道需要額外購買雲端儲存空間，而他的照片容量大約有 16GB，在查詢了各個計劃後，他應該使用哪個計劃呢？

A. 15GB：免費

B. 100GB：$130/ 月

C. 1TB：$650/ 月

3 布加開了一個雲端文件夾，想將入面的資訊分享給同學，但不想同學改動他的資料。他在發出權限時發現這個設定，請圈出他應該選用哪一個吧！

A. 檢視者

B. 留言者

C. 編輯者

設定權限

意想不到的參觀日

「後天就是我**期待已久**的參觀活動呢！我等了一個月，終於可以看到我夢寐以求的**太空火箭模型**了！」小寶興奮地和伊雪分享着。

「好了，你已經重複説了兩個星期，煩死了。你又要再數一次你想看的每個展覽館和火箭模型吧！什麼火星實境、什麼型號的太空望遠鏡……我都快能背出你想看的東西了！」伊雪無奈地回答。

原來學校的常識科老師安排他們後天全班去參觀**太空博物館**。那個展覽將會展出很多珍貴的火箭模型及太空儀器，更有一個模擬火星地貌的**360度虛擬實境體驗展覽館**，讓參觀者體驗到在火星上太空人所觀看到的風景！

怎料到了第二天，小寶竟然缺席沒有上學。同學們問班主任，才知道原來她患重感冒發燒了，已經向學校請

了三天病假。小息的時候，同學們聚在一起傾談着。

「小寶一定很失望了，她期待了這麼久，最後竟然因病倒而不能和我們一起去參觀。」貝莉擔心地說。

「我們想辦法幫幫她吧，讓她在家中也可以看到展覽。奇洛，你有最多好主意的了，這次有什麼點子嗎？」伊雪問。

奇洛**靈機一動**，說：「我記得常識科老師好像有一部 **360 度全景相機**，我們可以嘗試借用帶去博物館，然後拍攝 360 度的全景影片。小寶在家裏帶着 **VR 眼鏡**，就可以好像親歷其境般看到展覽了！我們可以逐個展覽館拍攝給她看呢！」

「但小寶家裏沒有 VR 眼鏡呢！就算我們拍了 360 度全景影片，她也看不到啊！」貝莉回應着。

海力說：「不用擔心，我們可以用**硬卡紙板**為小寶製作一個簡單的 VR 眼鏡，她把手機放在紙板內就可以看到 360 度全景影片了！」

在眾人齊心合力之下，很快就成功製作出卡紙 VR 眼鏡，並交給了布加，請他轉交小寶。

參觀當日，奇洛與伊雪一個負責拿着 360 度全景相機拍攝，一個負責擔當導賞員講解展品。

同一時間，在家裏觀看着影片的小寶感動地説：「嗚嗚！我真的沒有想過可以這樣真實地以第一身視覺看到這個展覽！**謝謝你們啊，我的好同學！**」

虛擬實境帶來更真實的體驗感覺

　　虛擬實境實際上是人機交互的新模式。我們與電子設備的交流一直都是以電腦介面作主導，我們的回應很難脫離它所提供的場景和選擇，也非常清楚什麼時候是輸入指令，以及到哪裏去得到運算結果，這與我們在真實世界中的行為及獲取資訊的方式不太一樣，人類只可在電腦系統之外（例如透過屏幕）去觀察電腦的回應。

　　虛擬實境的互動由設計之初就已經不一樣，是以我們的行為及習慣作主導，透過提供一個跟現實高度相似的環境，令我們跟它的交互沒有一個着跡的輸入和輸出過程，而它的反饋也直接作用於我們的的五感之中。

　　換言之，虛擬實境是一種電腦模擬現實環境的手段，使用一種人類自然的溝通方式跟我們互動。

　　現有的虛擬實境仍停留於運用各種的多媒體設備，例如 VR 眼鏡等，盡可能模擬現實，並就用家的各種行為做出如現實一般的回應，例如不局限用家在場景中到處移動，而是會顯示相應位置的視覺環境。

有些人看 3D 動畫時有暈眩症狀,看 VR 動畫時情況就更嚴重了,為什麼呢?😵

這是動暈症的一種,當眼睛看到環境在動而身體卻沒有感受得到時,這種認知上的不一致就會造成暈眩。VR 比 3D 造成的症狀更嚴重,是因為 VR 動畫比 3D 動畫更逼真,更容易欺騙我們的眼睛。

虛擬實境會不會使人分不清現實與虛擬世界呢?

人類於現實中的行為太多變化,虛擬實境技術到現時為止仍未可以完全模仿,最典型的例子就是在虛擬實境遊戲中,我們最多運用某些動作來代表某些行動,例如因場地所限及安全因素,我們很難真的用往前走的方式來控制角色移動。現階段較常見的,還是要依靠按鈕或手部動作。🙈

虛擬實境可應用在什麼範疇呢?

旅遊業及博物館展覽等,都可以用虛擬實境輔助。例如香港的博物館曾以 VR 技術模擬金字塔內部的情景,供遊客在 VR 實況內自由移動,並輔以相應音效,營造沉浸式體驗!😎

如何善用虛擬實境？

　　小朋友，以下四個範疇中，你認為虛擬實境技術能夠幫上忙嗎？請剔選。

1 調查罪案方面：
重構犯罪現場，讓疑犯不一定要重回犯罪現場。☐

2 新聞報道方面：
模擬事發情境，讓觀眾感同身受。☐

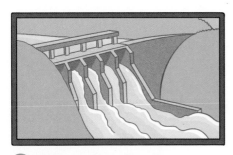

3 設計水壩工程方面：
觀測隨時間推移，水流量對水壩結構的影響。☐

4 練習做手術方面：
模擬人體內的情況，讓醫科學生有更多、更真實的實習動手術機會。☐

尋找失蹤的第五冊

　　一天放學後，奇洛與海力相約到學校圖書館內找些課外讀物。最近他們都**迷上了**科學類圖書，對介紹發掘古代恐龍的書籍特別感興趣。當他們來到圖書館時，正好遇到當值做**圖書館管理員**的貝莉及伊雪。

　　貝莉第一天擔任管理員，她盡責地問：「奇洛、海力，你們要借書嗎？我可以幫忙查找館內的**藏書**。」

　　奇洛笑說：「不用了，這幾天我們每天都來看書，一定比你更熟悉要找的書放在哪裏。**哈哈！**轉左第二個書櫃的第三層就是我們要找的恐龍百科全書系列了！」

　　「那麼你們有其他需要，就來找我吧！」貝莉見他們不需要協助，就轉身繼續整理**待上架**的圖書。

　　奇洛和海力熟練地走進圖書館的一角拿取他們想要閱讀的圖書。正當他們**讀得起勁**時，卻發現這套書缺少了其中一冊。他們在科學讀物書架附近找了一遍又一遍，

還是找不到那一冊。館內圖書太多了，他們不知要**從何**

找起。

　　海力問：「那冊書會不會被借走了？」

　　奇洛說：「不會吧！這系列的書很大，很少

會被借走的，要不……我們還是問問圖書館管理

員吧！」

奇洛**紅着臉**走到服務櫃檯前，低聲問伊雪：「你可以幫我找恐龍百科全書的第五冊嗎？」

　　伊雪笑說：「現在你們知道圖書館管理員的作用了吧！」她馬上按書脊上的**索書號**幫他們找書。

　　「你們要找的書屬於自然科學類，可以從索書號 400 的書開始找。」伊雪與他們一起找，可惜仍然找不着。

　　貝莉實在看不下去了，走過來說：「其實我們可以利用圖書館內電腦系統的**圖書檢索目錄**，甚至選擇以標題、作者、主題名稱等進行搜尋，就能更加有效地找到想要的圖書了！」

　　奇洛見她這麼大方願意主動幫忙，連忙說：「貝莉，對不起，剛才我還取笑你呢！你說的這個方法真聰明！」

　　「圖書館內書海茫茫，這個**小型搜尋引擎**大大方便我們找書，公共圖書館也用類似的系統呢！」貝莉一邊解釋，一邊幫他們搜尋着說：「**找到了！**原來這本書的狀況是待上架，我待會拿給你們吧！」

強大的搜索功能

搜尋引擎即資訊搜索系統，包括電腦操作系統內搜尋軟件或文件的功能，以及圖書館的索書系統。不論運用索引還是內容搜尋，都是搜尋引擎的一種。

我們常用的搜尋器（例如 Google）就是常見的網絡搜尋系統，跟上述所提及的本質上並無不同，只是它搜尋的資訊是相關網頁或網頁內容，而運用的技術則是蜘蛛式搜尋技術。

這種技術又稱網絡爬蟲，搜尋器會依特定規律造訪所有能夠觸及的網站，然後依照網頁內容列出一張索引列表，使用戶可透過關鍵字搜尋，以找到相關網站。有時候，搜尋得出的結果會很多，那就要用更準確及精簡的關鍵字以得出更準確的結果，網站數量也會因相關度提高而減少。

網上還有一些專門的搜尋器，只能搜尋特定結果，同樣是用關鍵字在已儲存的清單內找出相應的結果，例如診所搜尋器。而具有特定結果的搜尋器，例如 Google 的圖片搜尋器，其實只是在清單中加入特定的資料。

我們應該如何揀選出關鍵字作搜尋呢？

通常用作搜尋的一個或多個關鍵字，都是搜尋內容的重點字，並且盡量用字詞，不應用完整句子。

例如搜尋「旺角如何去元朗」，關鍵字可以是「旺角 元朗 交通」，所有內容含這三個字詞的網站都會作為結果出現。同時具備這三個字詞的網站會顯示為優先結果，只有其中一或兩個字詞的網站就排在後面，而且三個字詞之間不用相連，只要在網站中有出現就可以了。之後，可以因應要求進一步收窄範圍，例如只想乘巴士的話，關鍵字可以設為「旺角　元朗　巴士」。若要尋找先乘港鐵，再乘巴士的交通路線，也可以用「旺角　元朗　地鐵＋巴士」作為關鍵字。這裏的加號意味着搜尋結果必須同時具備港鐵和巴士兩個字詞。

不同搜尋引擎會不會得出同一結果呢？

的確有此可能，搜尋器所能找到的網站，是由搜尋器自行使用蜘蛛式搜尋技術將能夠觸及的網站打上標籤，因此兩個不同的搜尋引擎，有可能得出相似或一樣的結果。然而，網站排序的先後跟蜘蛛式搜尋技術無關，這種技術只是記錄能觸及的網站，對它們並沒有優次之分。先後次序是視乎網站內容跟是次搜尋的關鍵字有多相關。

善用搜尋引擎工具

小朋友，如果你要在日常生活中尋找特定的東西或解決日常困難，你會如何利用搜尋引擎的功能呢？請根據以下奇龍族同學的需要，用連線表示他們應使用的搜尋引擎功能。

Yoogle

🔍 全部 　📰 新聞 　🖼 圖片 　📍 地圖 　▶ 影片

1 奇洛需要製作精美的簡報（PowerPoint）插圖，以便在常識課進行匯報。

2 伊雪聽到一首很好聽的歌，但只記得部分旋律及歌詞，她很想再聽一次那首歌。

3 布加約了朋友去遠足，但他從未去過那個地方，他希望預先看看那條遠足徑的地點。

失火驚魂

　　自從長假期開始後，多多迷上了一款**網絡遊戲**，它的最大特色是要一羣玩家共同組隊戰鬥。這種遊戲非常講求合作性，每次多多有好表現時都會獲得高分，甚至贏得不同玩家的讚美，令他從中獲得了很大的滿足感。

　　多多越來越**投入**這個遊戲中，每日最少花 5 小時玩遊戲機。無論是每天完成假期作業後、吃過早午晚餐後，以及睡覺前，他都會第一時間跑到電腦前繼續遊戲。

　　「多多，麻煩你暫停一下遊戲，我有話要跟你說。」媽媽注意到多多近日花太多時間在網絡遊戲上，打算和他談一談。

　　但是多多**拒絕了**，說：「媽媽，我正在進行任務呢！你給我 15 分鐘完成它吧。」

　　「好的，我現在去超市，廚房裏正在**開火煲湯**，15 分鐘後記得幫我關掉煮食爐啊！」媽媽吩咐着多多。

多多心不在焉地回答：「哦！知道！」

今日多多狀態大勇，連續贏了幾場。正當他一臉得意打算再開始新遊戲時，突然覺得眼前畫面有點**模糊**，揉一揉眼睛後也是有點朦朧的感覺。

忽然，多多又嗅到一陣**燒焦**的氣味，他才猛然想起媽媽的吩咐。他馬上衝到廚房，卻已經**太遲了**，湯裏的材料已經燒焦，煮食爐周邊也因過熱而熏黑了！

媽媽回來看到這情況，馬上關掉煤氣總掣，再打開所有窗戶，把煮食爐清理好後才板着臉對多多說：「關掉電腦坐好！」多多知道大難臨頭了，也不敢作聲，乖乖坐好，準備挨罵。

媽媽出乎意料地沒有大罵，而是平心靜氣地說：「我留意到最近你**沉迷**於網絡遊戲，我知道你玩得很開心，但是你似乎為它花太多時間了。你的假期功課只是胡亂完成就馬上去玩遊戲機，吃飯又只是匆匆吃一兩口就離開，還有我看到你最近經常揉眼睛，想必是開始有點看不清楚吧？你可能有點**近視**問題呢！」

多多低着頭默不作聲，他這才發現自己最近的生活習慣真的改變了不少。他完全沉迷在網絡世界，導致在功課上和與家人關係上都**變差了**，而且可能因太長時間對着屏幕而患上近視！

「這次差點失火，就當是給你一個小小的教訓吧！之後你要減少使用電腦的時間，慢慢**戒除**你的網絡成癮問題了！」媽媽說。

網絡成癮影響日常生活

網絡成癮是現在資訊科技年代所面對的一個問題，因為網絡的普及，造成為數不少的網絡用戶出現這種癥狀。

網絡成癮在心理學上屬於一種心理依賴，是行為上的成癮，即是成癮者不管在學習、娛樂、工作及社交時，均不由自主地使用網絡。我們知道網絡是非常重要的工具，然而過度依賴，就會造成負面影響。

網絡成癮的主要表現包括：

- 時常對使用網絡有強烈的衝動及渴求。

- 一段時間離開網絡就會出現戒斷反應，例如煩躁、無法集中精神、難以入睡等等。

如果你發現自己有可能網絡成癮，可以先跟家人商量，也可以找老師協助。坊間也有一些非牟利機構可以提供輔導和協助，例如：

香港基督教服務處：網開新一面

東華三院：不再迷「網」預防青少年上網成癮服務計劃

多多，有什麼事都可以告訴媽媽啊。

媽媽，我很累，但……我控制不了自己，整天想着玩遊戲機。

聽說網絡成癮對我們交朋友也有影響,為什麼呢?

若社交上過於依賴網絡,會容易使人逃避現實中的社交生活,最嚴重的可能會導致大腦出現結構性的改變認知及活動能力有所下降,像是酒精或藥物成癮者一樣。

我們怎樣避免網絡成癮呢?

將我們的時間放到其他的活動中,就是最好的辦法。例如培養不同的興趣,避免讓網絡成為我們唯一的娛樂;又可以定時和朋友相約聚會,不讓網絡上的社交成為主要的社交渠道。😎

如果我懷疑朋友網絡成癮,我可不可能從他的日常舉動中發現呢?

網絡成癮可能會出現抗拒現實中的社交、難以集中精神等癥狀。若發現同學或朋友出現這些狀況時,他很可能需要協助,這時候就向老師求助吧。

我有網絡成癮嗎？

　　小朋友，快來為自己和朋友做以下的小測試，看看有沒有網絡成癮的傾向吧！

1 你的實際上網時間有沒有超過原先的計劃？　　　　有 / 沒有

2 你有沒有放下該完成的功課而將時間用來上網？　　　有 / 沒有

3 若有人在你上網時打擾你，你有憤怒的感覺嗎？　　　有 / 沒有

4 離線時，你有沒有仍對網絡活動的內容念念不忘？　　有 / 沒有

5 上網後，你有沒有一再延長上網時間？　　　　　　　有 / 沒有

這不是正式的評量表，如果在 5 題中超過一半的答案是「有」，或覺得自己有網絡成癮的跡象，就要趕快求助，由專業人士提供的完整評量表來準確評估你或你的朋友是否網絡成癮。

考考你

若你發現同學或朋友明顯有網絡成癮，你應該怎樣幫助他？

告訴老師　　告訴社工　　告訴他的父母　　教訓他一頓

* 以上問卷題目參考 Kimberly S. Young - The Internet Addiction Test, IAT，並作出修改以配合學生的情況。

為何有另一個「我」？

　　在暑假的一天，伊雪與小寶去了貝莉家裏玩耍。她們正在把玩着貝莉爸爸新買給她的智能手機。三個小女生拿着手機不停**自拍**，討論着哪一個卡通濾鏡效果最可愛，然後相約把照片上載到她們的個人**社交平台**，為這個假期留下一些愉快的回憶。

　　小寶留意到有一個新開的帳戶出現在「推薦用戶」的欄目上，她按了進去後驚訝地說：「啊！這個帳戶的名稱是為『siupo_2020』，為什麼與我的帳戶名稱『siupo_2019』這麼相似？」

　　伊雪按進去用戶的照片部分，吃驚地說：「小寶！為什麼上面會有你的照片呢？個人頭像也是顯示你上次學校旅行時的自拍照呢！」

　　細心的貝莉已在查看那個帳戶裏面所寫的個人資料，說：「這個帳戶所顯示的資料全部都和真實的你**一模一**

樣，甚至連你的出生日期和就讀小學的資料也知道！」

小寶方寸大亂，擔心地說：「這個帳戶不是我開的！我只有一個社交平台帳戶，為什麼會這樣的？」

三個女生都不知所措，於是向小寶的哥哥布加求救。

布加看到這個**以假亂真**的帳戶後，皺著眉頭地分析說：「這個**假帳戶**明顯是一個熟悉你的人所做的，但為

何他有你這麼多的個人照片及個人資料呢？」

「會不會是因為你本來的帳戶**私隱設定**為『公開』，任何人在社交網站都可以看到你的照片，然後對方就把部分照片下載再轉發出去，扮成是你的另一個帳戶？」伊雪一邊看着手機一邊説。

貝莉這時也推理着：「再加上你在公開的個人資料部分，很詳細地寫下自己的學校及出生日期等資料，那個盜用你資料的人很容易便可以**假冒**你了！」

「為什麼要**盜用**我的資料呢？我的個人資料也沒有什麼價值啊。」小寶無助地説。

布加安慰小寶説：「很多時候我們在網上都會不自覺地留下了一些『**數碼腳印**』，現在看來仍未對你造成太大影響，這次可能只是一般的惡作劇。可是，如果別人冒認你的身分發表言論或散布你的個人資料，就會帶來難以想像的影響！我們現在先使用社交平台的**檢舉功能**舉報這個帳戶，讓它停止運作，然後修改你的私隱設定為『私人』吧！」

提防個人資料外洩

　　很多人都知道個人資料是不能輕易洩漏的，然而不少人卻忽略他們在互聯網上，其實已不知不覺地將個人資料公諸於世。故事中的小寶被人盜用並冒充身分，正是典型的例子。

　　不過即使保障了社交網站上資料的安全，其實我們只要在互聯網中瀏覽過網頁，也有私隱外洩的風險，例如瀏覽紀錄及 IP 位址會被記錄、登記帳戶時將資料交予網站等。

　　到底資料外洩會對我們造成什麼影響呢？我們的私隱資料一旦被人掌握，可能導致個人身分被盜用作不法用途，而瀏覽紀錄等資訊則會讓人得知網上消費習慣等具商業價值的資訊。

我最討厭伊雪。

既然使用社交網站有風險，是不是代表我們該停用所有社交網站？😥

不是，只要對資訊安全有充足的認知和準備，使用社交網站還是很安全的。例如：將個人資料設定為「私有」；使用嚴謹的密碼，或啟用多重認證，例如手機短訊確認等；為每個網上帳戶設定不同密碼；對在網上所認識的人要保持謹慎。

怎樣才算是嚴謹的密碼？👀

第一，應有一定長度，最少 8 個位；第二，應包括大小階英文字及數字；第三，不要和個人資料重複，例如出生日期、身分證號碼等；第四，定期更改密碼。

網站會用什麼方法取得我們的瀏覽習慣及資料呢？😨

不少網站為了提供更度身訂做的內容給用戶，它們可以請求我們的瀏覽器將我們的一些資料記錄下來，這些紀錄稱為「Cookies」，讓網站可在用戶一進入網站時就提供適合的資訊。

設定密碼要小心

小寶為自己的網上帳戶設定密碼時犯了不少錯誤，小朋友，你能幫幫她嗎？請根據以下題目回答問題。

密碼不是易記就好了嗎？

1 小寶為她的電郵帳戶設定了以下密碼，你覺得可能會出現什麼安全性問題？（答案可以多於一個）

密碼：20120219

遞交

2 電郵系統認為小寶的密碼安全性不夠，以下有四個建議密碼，你覺得哪一個較安全？

◎ Qq20120219

◎ 20120219chan

◎ tY673o91

◎ chanSiupo2021

一「鍵」解危機

　　周末期間，奇洛、魯飛、依雪及貝莉相約到公共圖書館為校內的專題研習做資料搜集，之後還要在課堂內向全班同學做簡報匯報。為了方便他們一邊討論一邊製作簡報，伊雪借用了爸爸的**手提電腦**並帶到了圖書館。

　　當伊雪打開爸爸的手提電腦連接到圖書館的**公共Wi-Fi 網絡**時，電郵系統突然彈出一則通知，內容是關於一些**網上銀行**的帳户服務事宜。

　　伊雪習慣性地想**按下連結**查看內容，奇洛馬上提醒她：「等等！這些可能與你爸爸的個人網上銀行資料有關，還是等你回家讓爸爸查看比較安全吧？」

　　伊雪不解地問：「我在這裏查看連結有什麼問題呢？我不知道爸爸的密碼，不會洩漏資料的！」

　　「電腦科老師提醒過我們，在公共場合連接一些非私人 Wi-Fi 時，要盡量避免處理有關個人資訊的東西，因

為不法之徒會利用這些 **較低安全性** 的網絡來入侵用戶電腦。即使是公共圖書館提供的 Wi-Fi 服務，我們也要小心。」奇洛解釋道。

魯飛指着另一部 **公共電腦** 說：「是啊！這裏還有圖書館的電腦可用呢。」於是伊雪在那則通知的右上角點選 **交叉**，把手提電腦關掉。

他們很快完成了簡報，貝莉便登入學校的電郵把簡報發送給老師存檔。

「大功告成！不如我們一起去吃雪糕輕鬆一下，好不好？」貝莉伸一伸懶腰提議道。

「贊成贊成！我們馬上去！」饞嘴的魯飛一聽到有雪糕吃就興奮起來，趕忙收拾東西準備離開。

「等等！貝莉，你好像又忘記了做一件很重要的事呢！」奇洛帶點狡猾的笑說。

貝莉順着奇洛的目光看到了公共電腦，猛然想起，說：「糟糕！我還未登出我的電郵帳戶呢！剛才交完簡報

太興奮，一時鬆懈了！」說罷，她馬上點選「**登出**」。

「忘記登出的話，輕則被用來做惡作劇胡亂發電郵出去，嚴重則可能導致在電郵裏面的個人資料外洩呢！」奇洛一副老師的口吻補充着。

伊雪回應說：「全靠我們**細心的**組長奇洛的提醒呢！走走走！我請大家吃雪糕！」眾人都笑着離開了。

數碼小學堂

保障數據安全

相信大家對網絡如何融入我們的生活深有感受，因此一些較敏感的數據無可避免地要經由網絡傳輸，例如網上銀行的數據就是高風險例子。

到底我們該如何保障數據在網絡上的安全呢？現行有兩大方向，一個由數據傳輸途徑入手，另一個由傳輸方法入手。

在傳輸途徑方面，我們在收發高風險的數據時，要留意所連接的網絡是否安全。故事中的公用 Wi-Fi 網絡屬於很多人可以自由接達的網絡，所以在上面傳輸的數據也相對容易被人截取。因此，我們要盡量選擇設有密碼的私人 Wi-Fi 網絡，或是自己的流動網絡。

 請輸入密碼：**********

傳輸方法方面，將要傳輸的數據轉化為只有接收者才能解讀的「暗號」，以確保其他人即使截取到數據也不能明白其中意義，這方法稱為「加密」。如果有機會在網上購物，最好選擇會為客戶傳輸的重要資料進行加密的網站。在本課的「數碼小達人訓練」部分，會有更詳細的講解。

大家一定要注意網絡安全！

當我們在網絡上輸入一些敏感資料時，這些資料容易被截取嗎？

一方面我們需要盡量保障個人私隱安全，但另一方面服務提供者（例如網上銀行），都會在每次的數據傳輸中加入獨有的加密演算法，確保即使他人截取到數據也無法解讀內容。😎

既然可以為數據傳輸進行加密，那麼我們使用私密度低的公用網絡來輸入敏感資料也沒問題吧？

當然不是，網上服務提供者所進行的加密雖然難以解譯，但仍無法確保絕對安全，多做一點安全措施準沒錯。😊

聽說 VPN 服務能使數據更安全，到底什麼是 VPN 呢？

VPN 即虛擬私人網絡，即是經加密連接到他人的私人網絡，再經由該私人網絡的名義連到互聯網上，外面的人要追蹤連接的話，只能追蹤到 VPN 服務供應商。雖然安全性提高，但也代表你的一舉一動都被 VPN 供應商得知，所以選用與否，要看你有沒有信任的 VPN 服務供應商了。

精明使用公共網絡

貝莉和奇洛嘗試使用公共 Wi-Fi 上網時都有一些疑問：

1 貝莉和媽媽正在機場的某間餐廳。媽媽讓貝莉試用手提電腦連上Wi-Fi去辦理登機手續，當中涉及一些例如護照號碼等的重要資料。你覺得貝莉選用哪一個網絡比較好呢？

A. Choco Islander 🛜

B. HKAirport Free WiFi 🔒🛜

> 我發現有一個是有鎖的，另一個是沒有鎖的。

2 奇洛上網時發現一個有趣現象。有些網站，例如網上銀行網站的網址比較特別，一般網站用 http:// 作開首，而特別的網站則以 https:// 開首，還有一個鎖的圖示。上網尋找答案後，奇洛才知道原來 https:// 作開首的網址，意味會把用戶輸入並回傳的一些重要數據加密。下面有幾個不同類型的網站，你能猜到哪些會用上這種技術嗎？（選項可多於一個）

用戶名稱　信用卡號碼　密碼

> 含有以上資料的網站都是以 https:// 開首的。

A. 食譜分享網站　　B. 網上購物網站

C. 戲院售票網　　　D. 電子支付網站

特價！限量版機械人

「哈哈！這是我在日本訂購回來的**模型機械人**！全新設計，透明組件，是今年模型大會的會場限定版呢！」魯飛得意洋洋地向海力及奇洛介紹他的寶貝。

奇洛眼睛發亮的道：「哇！這是**全球限量版**啊！你竟然願意花這麼多錢買？」

海力仔細觀察模型說：「當地的模型大會還未開幕，官方網站好像還未正式發售這件產品呢！魯飛你是透過什麼渠道訂購的？」

「嘿嘿！全靠我**神通廣大**的表哥幫我在外國網站訂購的，那網站說這是原廠流出的**樣板**，所以比官方正式發售的日期更早！價格更比官方定價便宜一倍，**十分划算**！它還提供送貨服務，把模型直接送到我家門口，我連外出排隊搶購的時間也省下了！」魯飛興奮地說。

「嗯，聽來不太可靠呢。如果這是流出的樣板，即

是沒有官方正版的**認證**，說不定是盜版呢。你仔細看看部分零件的顏色與官方的圖片有些微**差異**呢！」敏銳的海力指出問題。

「咦？似乎真的有點差別呢。而且，限量版又怎可能比官方定價便宜那麼多？不如你打開那個外國網頁讓我們看看吧。」奇洛也察覺到有些**不對勁**。

魯飛一臉不可置信的說：「怎……怎麼可能？我的表哥不會騙我吧！」

打開那個外國網頁後，只見網頁版面無論是顏色及設計均與官方網頁十分相似，但除了魯飛買的那個機械人外，點擊其他圖片都沒有反應，內頁更指出要成為會員才可訂購，並要提供大量個人資料及信用卡資料。

「它要求的個人資料似乎**太多了**，連出生日期及身分證號碼也要填寫，這些資料你沒有填寫吧？」奇洛問。

「全部都是表哥幫我填寫的，具體情況我也不知道，連信用卡資料都是用他的。我沒有留意裏面的細則。」魯飛擔心地說。

海力指着網頁說：「你看！這裏有些細字寫需要收取**額外的**海外運費，加起來其實與正版產品售價差不多，魯飛你真的很可能遇到**假冒的**購物網站了，你還是快點聯絡你表哥，看看有沒有外洩個人資料和檢查信用卡的付款紀錄，到底購買這個機械人的實際費用是多少吧！」

網上購物成為大趨勢

網上購物屬於電子商貿的一種，它有別於傳統的交易方式，主要依靠網絡來接觸客戶，從而提供商品或服務的資訊。同樣地，用家也是經過網絡來尋找貨品或服務。

為什麼網上購物大行其道呢？這與三個先決條件有關。

第一，成本低廉而有效的資訊流通及搜尋平台是不可或缺的。

第二，需要有效而且普及的網上付款平台。

第三，在交易成功後，需要有相應的物流渠道將商品送到客戶手上。

滿足以上要求後，網上購物帶來的優點也是顯而易見的，最顯著的就是買賣雙方都節省了尋找交易對象的時間，因為兩者都能快速有效地找到大量商品或客戶資訊。

不過，網上購物也有缺點，就是看不到實物，有時可能在收取貨物時才發現與期望有落差或貨不對板。此外，也要留意網上交易的安全性，盡量光顧有商譽的商店，避免招致損失。

網上購物真的很方便，是不是所有的交易項目都可以在網上完成呢？😎

大部分的網上購物流程是買家下單，然後賣家送出貨物。但部分交易要求買賣雙方必須見面才能完成，例如一些度身訂造的服務，就像是度身訂造西裝。

網上購物有什麼需要注意的地方呢？

某些產品的資訊很難經由網上準確地提供，例如衣服要試穿後才清楚是否合身，因此這類貨品還是親身購買較好。另外，網上付款的渠道五花八門，我們要確保付款途徑安全可靠，因此應選用銀行或知名公司所提供的付款渠道。還有，因為付款過程簡化了，網上消費的電子付款方式容易讓人在無意間消費過度，因此大家都要量入為出！😋

現實交易受一些商業法例保障，那麼網上購物呢？

相關法例也適用於網上購物，例如商品說明條例等等，而且很多時候，網上交易的商家都有一些額外條款，例如退貨或保養的處理等等，因此在網上交易前，要好好看清楚買賣方之間有什麼責任和權利。

網上購物

魯飛得到媽媽批准，在某外國網上購物平台購買一些東西。可是，他在購物過程中出了一些問題，你能幫幫他嗎？

1 魯飛選擇了以下貨品，當他結帳時，卻被告知其中一項不能運到香港，你猜是哪件商品？為什麼呢？

購物車		定價
	珊瑚綠遊戲機 數量：1	$500
masers Special Edition masers	脆脆朱古力（特別版） 數量：1	$30

我猜是＿＿＿＿＿＿＿＿＿＿＿，原因是＿＿＿＿＿＿＿＿＿＿＿

2 媽媽請魯飛幫忙購買消毒濕紙巾，魯飛在本地的購物平台找到了以下商品，比超級市場的售價便宜多了！

超高效低敏消毒濕紙巾

數量：1

原來價格：$5
超級優惠：$3
為你節省 $2（40%）

但當他結賬時，價錢居然是 **$23.4**！你覺得他是不是被騙了？

我覺得魯飛（ 是 / 不是 ）被騙，因為

＿＿＿＿＿＿＿＿＿＿＿＿＿＿＿＿＿＿＿＿＿＿＿＿＿＿＿

電子錢包
藏在指紋裏的貨幣

最近不同的智能手機均推出了**電子錢包**功能。這天，貝莉放學後就在便利店拿出手機，向同學炫耀爸爸為她安裝的電子錢包。

「這是最新推出的功能呢！使用方法和八達通卡很相似，把電話拍在**感應器**上面便可以付款，非常方便！」貝莉很自豪地說。

頑皮的魯飛聽到後，便搶過貝莉的手機，說：「真的這麼方便？讓我來試試吧！」說罷便打算把貝莉的手機拍到感應器上付款。

小寶馬上阻止魯飛付款，說：「**不問自取視為賊也！**」

不過，被拿走手機的貝莉卻氣定神閒地說：「小寶，不用擔心，他是不可能付款成功的，因為這個電子錢包需要我的**指紋認證**才可以進行交易！」

魯飛見奸計失敗，只好把手機還給貝莉，說：「既然你說得這麼神奇，就示範給我們看吧！」

貝莉早就想向同學演示這新穎的科技了，正好她要買飲品，於是打開電子錢包的手機應用程式準備付款。怎料，程式卻顯示她**餘額不足**！

貝莉**尷尬**地說：「我電子錢包的餘額不足，今天無法示範給你們看，真抱歉。」

原來她昨天買了太多零食，爸爸為了防止她過度消費，便設定她的電子錢包每星期只有兩百元的限額當作零用錢，一旦超過限額便要等一星期後才會自動增值。

魯飛取笑貝莉說：「你爸爸就是知道你太喜歡胡亂花錢才會設定限額吧！哈哈！」

小寶馬上拿出自己的八達通為貝莉解圍說：「不要緊，我有一張**自動增值**八達通呢！上次在小賣部見到魯飛你使用後，我便央求媽媽為我申請*，以後我再也不用擔心忘記增值而用不到八達通了。」

*有關八達通自動增值的故事，請見《奇龍族學園：理財能力大升級》。

「想不到你媽媽最後也答應了你呢！你經常丟三落四的，一定要好好保管這張卡，若被人拾到後胡亂拍卡就會造成損失了！」貝莉說。

　　小寶吐一吐舌頭說：「媽媽也知道我不太靠譜，所以叮囑我如果弄丟八達通卡就要第一時間通知她，或打這個失卡熱線暫停自動增值服務，以減少損失。」

電子貨幣的概念

　　歷史上，貨幣的形式不斷改變，而且往往同時標誌着人類交易形式的演進。在上一課的「數碼小學堂」中，我們探討了網上交易的普及條件之一是網上交易方式的出現，使電子貨幣應運而生。

　　小朋友，試想像如果我們在網上選購了商品後，仍要親身到商店付款，這樣網上購物的意義不就失去了嗎？

　　電子貨幣即是用數碼記帳的方式取代實物的貨幣交易，令消費者不用攜帶大量現金，同時商戶也可避免點算大量現金所花的時間及承擔出錯的風險，因為大部分繁瑣的工作都由負責提供電子貨幣的軟件完成了。

　　現有的電子貨幣雖說能避免使用實體貨幣時的一些麻煩，但其實在交易中仍用實際貨幣作計算單位，即用戶使用電子貨幣時，其實是先把現金存進帳戶。

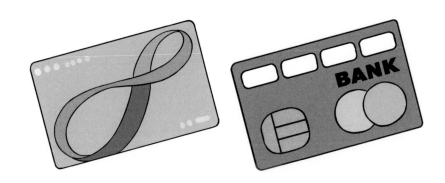

電子貨幣沒有實體，如果我修改軟件裏的數字，豈不是可以創造出無限的金錢？😴

不論實體貨幣或電子貨幣，它們可以用來交易的憑據都是貨幣背後所代表的購買力，而不是貨幣本身。若沒有銀行的認證，任何形式的貨幣也只是一張紙或一些數字而已。

前面提及用戶使用電子貨幣時，先要把現金存進帳戶，但現實中很多電子貨幣交易軟件，只需要連上信用卡就可以使用，為什麼呢？👀

這種做法也是電子貨幣的形式，即是銀行先幫用戶把現金注入電子貨幣帳戶，是借貸的一種。

一般的網上付款是如何進行的呢？

網上付款的渠道有不少，但通通都要依賴不同的網上支付服務來進行。以 PayPal 為例，商家向 PayPal 提出到客戶的相應帳戶扣款，經客戶核准就可以了。換言之，整個付款流程都是經線上付款公司執行，其他的線上付款方法也是大同小異。

使用電子貨幣付款

電子貨幣有不同的支付方法，近距離支付需要面對面方能使用，遙距支付則無須見面也能使用。下面的圖片涉及不同的電子貨幣支付方法，你知道它們在什麼情況下使用嗎？（選項可多於一個）

A.

掃描 QR code
（二維碼）

1 在實體商店
購物時……

B.

在感應器上拍卡

C.

在感應器上拍電話

2 在網上商店
購物時……

D.

使用手機轉賬

71

「嘩！小寶，我看到你在社交平台又上載了新口味的**雪糕**，好像很美味呢！到底你是如何找到這麼多不同品牌和不同口味的雪糕的？」放學時，伊雪向小寶問道。

小寶說：「**嘻嘻！**其實我只是去不同的雜貨店及不同集團的超市，才找到不同的雪糕品牌。」

伊雪仍然很**疑惑**，問：「你是從什麼途徑得知這些雪糕品牌的資訊呢？難道你天天到不同的商店逛？我看到你買的有些是泰國品牌，有些是台灣品牌，還有你昨天貼文裏的日本品牌雪糕。」

小寶回憶着說：「其實我真的沒有刻意去找各地品牌的雪糕啊！我只是曾經在搜尋引擎輸入過『**新口味雪糕**』，然後網站就彈出了不同地方的雪糕廣告。說來真神奇，之後我的不同社交平台都出現了很多與雪糕及甜品相關的**廣告資訊**。」

「噢！我也有過類似經驗。我用搜尋引擎找過一些我平時很少買的玩具模型，那是打算送給我表弟的。怎料之後數日，當我打開自己的社交平台時，經常都會出現與模型相關的廣告資訊，非常煩人！」伊雪也分享着説。

「有時不單是社交平台，連影片分享網站的推薦觀看欄目，也經常出現一些雪糕食評之類的資訊。我看着覺得很有趣，便也嘗試在自己的社交平台分享吃過的不同雪糕的照片呢！」小寶笑着解釋。

「原來如此。你的雪糕分享很有趣，看！有 49 人對你的照片給『like』呢！看來你有潛質做 KOL* 了！噢，我忘了對你昨天的照片給『like』，要馬上補回！」伊雪一邊看着社交平台頁面一邊説。

「太好了！現在合共有 **50 個**『like』，破了我個人最多『like』的紀錄呢！看來大家也很喜歡這個雪糕主題系列啊！」小寶興奮地説。

「你看！我給你的貼文『like』後，社交平台馬上就彈出很多相關的貼文！我真的覺得互聯網好像知道我在想什麼似的，有時甚至我還未開始搜尋相關的內容，互聯網便已經顯示了我感興趣的內容。難道這就是所謂的**大數據**？」伊雪馬上展示自己的智能手機給小寶看。

這時，小寶忽然想到了一個**有趣的**主意。她説：「不如我們嘗試做一個實驗，對一些平時我們完全沒有關注的主題給『like』，看看我們的個人社交平台會有哪些轉變吧！」

74

* KOL：英文 Key Opinion Leader 的縮寫，意指經常在社交平台發表對一些商品的評價或事情的看法，並能夠影響很多人消費傾向或對事物取向的人。

大數據的用途

　　要初步明白何謂大數據，其實由字面上理解就可以了，那就是很大量的數據。但若只是這樣簡單，大數據就沒有讓我們討論的價值了。

　　首先，數據即是事物的記錄，我們的生日日期、昨天的溫度，甚至某人前天晚上的睡眠時間，全都是基於現實裏發生過的事情的記錄，也就是數據。在現今資訊科技發達的社會裏，我們所做的每一件事都很有可能在某處留下記錄，將這些數據組合在一起，便不難得知某人在昨天、前天，甚至去年所發生過的事。

　　大數據的「大」，不單指大量，亦包括接收的速度快及具有很多不同的來源。當電腦有方法獲得如此大量和多樣的數據，經過適當處理，就不難由每一個人詳盡的過往記錄中推測那人的行為。

前面説，大數據意味着很大量的數據，但故事中那些例子其實只儲存了我們過往上網或是各種行為的歷史，這能算「大」嗎？

一個人的歷史資料未必算「大」，但若將成千上萬人在各方面的活動，以及各式各樣的歷史數據整合在一起就很「大」了，現在的大數據體系正是這樣做。

我們上網的一舉一動原來都被記錄下來，這樣會不會有私隱問題啊？

事實上，這也是社會上懸而未決的問題，在大數據的便利與個人私隱之間作出權衡取捨，相信將會是未來十數年，世界上其中一個激烈爭辯的問題。

在網絡上收集數據就叫大數據嗎？我們在班會中收集同學的數據也包括其中嗎？

大數據的常見定義是研究機構 Gartner 提出的 3V：
Variety（多種類）、Velocity（高速率）、Volume（數量大）。
多種類：包括很多不同種類的數據，它們之間可以風馬牛不相及，但經由大數據工具可以總結出趨勢。
高速率：實時數據收集。
數量大：長期有大量數據湧入。

如何運用大數據？

大數據的運用範疇十分廣泛，下面有三名運動員，你認為大數據可以幫助他們解決問題嗎？請剔選。

1

> 我要舉起多重的啞鈴才有機會奪冠呢？

大數據可提供世界各地大量跟他體重相若，而且參加同一項目的運動員的肌肉力量訓練表現，從而調整自己的目標。

☐

2

> 我的投籃動作正確嗎？

大數據可提供世界上跟他體格相近的籃球運動員採用什麼樣的射姿，以及其投籃準繩度。

☐

3

> 我的傷勢何時才能完全康復呢？

大數據可提供世界上過往跟她傷勢相近和年齡相近的運動員的復康計劃及成果。

☐

聊天室裏的風波

「噠噠……噠！」嘈吵的鍵盤及滑鼠聲音吵醒了仍在睡覺的多多，他張開眼睛看到哥哥奇洛在聚精會神地對着電腦進行一系列操作。

「可惡！真是**大笨蛋**！又被他連累害得輸了對戰！」奇洛生氣地在鍵盤上不斷敲敲打打。

多多馬上閉上眼睛，用被子搗着耳朵繼續睡覺。自從長假期開始後，這個情境已經多次出現了。奇洛和他的一羣好友都沉迷於一隻全城大熱的**電腦遊戲**，每天晚上都會在網上組隊參加對戰，也結交了一羣在網上認識的「**戰友**」。

「哎呀！我已經提醒你很多次，剛才不應該這樣攻擊！你真是大笨蛋！」奇洛又在遊戲的聊天室裏罵隊友。這段時間，他不知不覺地變得**暴躁**，經常口出惡言。

「你才是大傻瓜！每次都不聽人提醒，硬要向前衝

破壞我們的陣形！」聊天室內，他的「戰友」也忍不住反擊。

看到這些文字後，奇洛就像**殺紅了眼**一般的失控，不停在聊天室內惡言相向。其他隊友也站在奇洛的一邊，不停地咒罵那位「戰友」。

經過一連串**洗版式**的言語罵戰後，那位「戰友」終於不再回應，悄悄地下線了。奇洛感到前所未有的痛快，彷彿自己贏了對戰般。

發送

點擊輸入訊息

你是大笨蛋！

你才是大傻瓜！

阿洛說得對！你就是笨蛋！

笨蛋總是連累我們！

第二天，奇洛在補習社看到了沒精打彩的海力，便問：「海力，你的**黑眼圈很大啊！**這幾天睡得不好嗎？」

「對啊！最近有些**不愉快經歷**，心情很差，晚上睡不安穩。」力行悶悶不樂地回答。

奇洛嘗試鼓勵海力，説：「把你遇到的任何不愉快的事都告訴我吧，**我會支持你的！**或者我介紹你玩一隻新推出的電腦遊戲給你**放鬆一下**，很好玩的！」

「唉！我的不愉快經歷正是來自那個新遊戲，那裏有些我不認識的網友不停地言語欺凌我，每次輸了遊戲便罵我是笨蛋！我昨晚才被他們罵了一頓。」海力説。

奇洛臉色**「刷」**的一下轉紅，問：「你……是不是在説那個名叫『洛奇』的玩家？」

「是啊！你怎會知道的？」海力驚訝地問。

奇洛一臉歉疚地説：「海力，對不起，我想……你所説的那個欺凌者就是我，我沒有認真看待自己所説的話，想不到那些言語會對你造成這麼大的**傷害**，我……我真的很抱歉，對不起！」

網絡欺凌的行為

　　網絡欺凌也就是一種網上的暴力——這並不是一種現實中在身體上施加的暴力，但也會對受害者造成深深的傷害。

　　網絡欺凌發生在網絡上，相當一部分出現在社交平台上。當某人傳送或發布一些意圖令受害人不快或是不安的資訊，便可算是網絡欺凌。那些資訊可以是文字、圖片、影片或音頻等等不同形式的資料。

聽說網絡欺凌比真實世界的欺凌更頻繁，為什麼呢？

因為在網絡世界裏，被人發現真實身分的機會較低，因而助長了這類行為。

被不認識的人網絡欺凌時，我們應該怎麼辦？

如上面所說，網絡世界上的個人生活相對比較保密，很難找出欺凌者的身分，因此與他對罵只會變成沒完沒了的罵戰，對自己的情緒也帶來負擔，所以離開網絡一段時間是不錯的辦法。如果仍感到受困擾的話，應儘快找父母或老師幫忙。

現時網絡欺凌情況嚴重嗎？

根據香港電台引述的 2020 年調查，香港有將近四成半學生曾受到網絡欺凌，所以大家不要輕視這問題。不論是自己或是看到他人受欺凌，也要儘早尋求協助。

受到網絡欺凌怎麼辦？

每個決定都會影響結果，你會如何面對網絡欺凌呢？

如果有一天，你在學校電郵系統中收到一個訊息，是從你同學天行的帳戶發來的。

> 哈！我找到了你在「傳奇爭霸」的帳戶了！我玩了這遊戲三個月，已經是金牌排位，你不是說已經玩了一年嗎？怎麼還是銅牌？真差勁，你還是不要玩下去了，只會惹人笑話。

(1) 你氣憤非常，然後……

決定明天回校教訓他一頓 --- 請往 (2)

決定不理他 --- 請往 (3)

決定找老師處理這件事 --- 請往 (4)

(2) 你在課室門口碰上了天行，忍不住把他大罵一頓，然而天行一臉愕然地說自己的帳戶被盜用，有幾天不能登入了。知道自己怪錯人的你很尷尬，還要想辦法跟天行修補關係。 --- 結束

(3) 憤怒過後，你決定息事寧人，想不到兩天後又收到同樣的訊息。你會：

決定置之不理 --- 請往 (5)

深思之後，決定還是找老師處理這件事-------------------------------- 請往 (4)

細想之下，你覺得事有蹺蹊，因為天行不像是這樣的人。你決定去找天行平心靜氣地談一談 --- 請往 (6)

(4) 老師找來天行傾談，才知天行的帳戶被盜用。你知道天行是無辜的，終於放下心頭大石了！ --- 結束

(5) 滋擾訊息沒有再寄來了，不過你再也沒有跟天行說話。雖然後來知道天行的帳戶被盜用，但這次的不信任為你們的友情帶來了裂縫。 ------ 結束

(6) 原來天行的帳戶被盜用了，他自己還不知道呢！你這次的提醒令他及時找老師幫忙，他非常感激你！ -- 結束

83

糟糕！電腦中毒！

周末的時候，奇洛和多多正在家裏，打算在網上找些**有趣的影片**看。突然，多多被一個頗為特別的畫面**吸引**，便跟哥哥説：「不如看這條影片吧，看起來很真實，很有型呢！」

奇洛有些遲疑地説：「呃⋯⋯這段影片看起來太過血腥了，我們還是選擇其他的影片吧！」

「哈哈！哥哥是**膽小鬼**！這些動作影片就是要夠真實才好看嘛！來吧，看一段吧！」多多取笑奇洛説。

「唉，好吧！」奇洛最終還是按下了影片的連結。怎料，遊戲視窗馬上彈出一個新頁面，寫着：

內容警告！你是否已經年滿 18 歲並同意進入此網站？

奇洛和多多從未見過類似的頁面，都感到很好奇。他們對視一眼後，決定撒謊，按下同意的按鍵。正當他們

期待着可以看到的畫面時，瀏覽器又**彈出**另一個視窗，顯示他們沒有權限開啟這個連結，並請他們關掉視窗。原來他們的父母早已在電腦上設定了家長監護功能，**封鎖**一些不符合奇洛和多多年齡限制的網站，避免他們接觸到不良資訊。

「我們還是到平常都能看的卡通網站吧！」奇洛有點失望地說。

「**我不要**！我要看這些新影片！其他卡通我已經看得厭倦了！」多多一把搶過奇洛手上的滑鼠，繼續在網頁不停找其他陌生的影片連結亂按。

突然，電腦畫面一黑，系統又出現了一個新視窗，寫着：

偵測到電腦病毒攻擊，你瀏覽的網站可能有木馬程式或是釣魚網站！

原來多多無意中按到的連結，竟然連上帶有**電腦病毒**的網站！兩兄弟嚇了一跳，馬上關閉所有視窗。奇洛

說：「我們的電腦可能中毒了，還是告訴爸爸讓他來看看吧！」

　　爸爸檢查了電腦內的系統運作，並開啟了**病毒掃描程序**。他教訓兩兄弟說：「幸好電腦沒有中毒，但我之前已經提醒你們要小心，不要瀏覽那些來歷不明和兒童不宜的網站！網絡世界充滿着很多暴力甚至色情的資訊，會對你們的心理健康帶來不良影響的！你們記着下次要小心，不要再亂來了！」

三大守則免墮網絡陷阱

　　我們的日常生活已很難離開資訊科技及網絡。資訊科技的確為生活帶來便利，但同一時間，過於頻繁的資訊流動也令網絡世界危機四伏。

　　用戶在網絡上會曝露在各式各樣的陷阱之中，常見的有電郵騙案、網上交友騙案、網上交易騙案等等。

　　若想避免誤中陷阱，我們就要記緊以下三個守則：

第一，任何時候都不應輕易透露自己的個人資料及各種帳戶密碼。

第二，任何網絡上的人所聲稱的身分均不應輕信。

第三，盡量不要在公共電腦輸入個人資料。

我做得到，你呢？

為什麼有這麼多網絡陷阱？他們的目的是什麼？

不少網絡陷阱是為了取得個人資料而設，例如身分證號碼、各種帳戶的密碼等。若這些資料不幸外洩，小則導致網上身分被冒充，大則可引致例如網上銀行等個人資產被盜取！

除了個人資料有洩露的危險外，會不會有其他更大的損失呢？

有些網絡陷阱旨在取得你個人電子設備的控制權，後果可大可小，例如對方可以獲得你設備內的所有照片和影片，甚至所有已登入帳戶的密碼，所以瀏覽網絡時務必要小心謹慎。

我有個大哥哥鄰居，他最近好像墮入電郵騙案，到底電郵怎樣騙人啊？😥

電郵騙案手法層出不窮，但主要目的都是想獲取你的帳戶密碼。以手機遊戲為例，你可能會收到自稱官方發來的電郵，用封鎖帳戶為理由，要求你輸入帳戶密碼才會解封。他們登入你的帳戶後，就會更改密碼再將帳戶轉賣以獲利。

哪個是網絡陷阱呢?

小朋友,在下面的情境圖中,哪個是網絡陷阱呢?

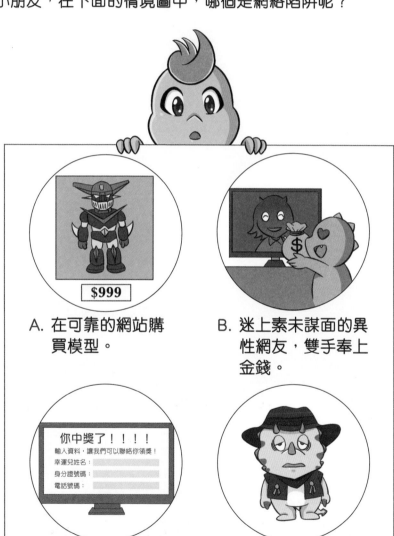

A. 在可靠的網站購買模型。

B. 迷上素未謀面的異性網友,雙手奉上金錢。

C. 在不明抽獎網站輸入個人資料。

D. 玩電腦遊戲通宵達旦,滿面倦容。

神秘的隊友

最近魯飛非常沉迷一款新的多人對戰網絡遊戲，因為這個遊戲很具**挑戰性**，需要不同玩家同時合作以完成任務，所以魯飛在遊戲平台上除了和他的同學一起玩外，還認識了一羣從未見過面的網友。

魯飛玩了這個遊戲兩個月，一直和這羣固定的網友一起合作**闖關**，相當合拍，慢慢地就建立起了一定的默契與感情。平常遊戲闖關過後，他們也會在網上聊天室閒聊，當中魯飛與一個網名叫「龍崎」的網友特別**投契**。

從他們的對話中，魯飛大概知道龍崎是一名初中女生，比自己大一兩年。龍崎的興趣與愛好跟魯飛十分相似，都是喜歡玩網絡遊戲及做運動。他們甚至交換了個人的社交平台資訊，變成不單只是在網絡遊戲中聊天，更會在社交平台互相分享日常。

對於這些轉變，魯飛都感到很新鮮，唯一美中不足

的是對方比較**害羞**和**內向**，社交平台上的照片都不見她的樣貌，上面也顯示她沒有加其他朋友，基本上是白紙一張似的。一天，魯飛忍不住在社交平台的聊天室問龍崎：

 為什麼你沒有任何顯示你樣子的照片呢？

因為我害羞啊～還有就是我的樣子不漂亮，沒有什麼好看的。

 不如你給一張你認為拍得最美的照片給我看看吧！我肯定不會取笑你的！

不行！除非你答應我交換一些東西，我要看看你的誠意才考慮是否給你看！

 好的！要用什麼東西交換？我可是很有誠意的！

我要你上星期抽到的極罕有五星武器！這把網上武器至少價值1,000元，你借給我用就足夠證明你的誠意了！

 好！一言為定！我馬上把武器轉讓給你，然後你就給我看你的廬山真面目吧！

說完後，魯飛馬上登入遊戲帳戶，把**極度罕有**的武器轉讓給龍崎，然後滿心期待地回到社交平台的頁面，準備繼續聊天。怎料當魯飛再次按她的頭像時，竟然顯示這個帳戶已經封鎖了他，無論怎麼按也看不到她的頁面。

魯飛**大驚之下**返回遊戲平台的頁面，希望可以弄清楚發生什麼事，但在遊戲聊天室裏已找不到龍崎了。

魯飛急忙向其他網友打聽消息，才知道原來龍崎也曾經以類似方法和他們交換遊戲裏面的道具，結果也是道具轉讓後，龍崎便**馬上失蹤**。網友們都不知道她的真實身分，魯飛這才意識到自己很有可能遇到網上的騙子了。

網上交友守則

　　網絡之所以如此盛行，除了前面幾課所說得益於網絡科技的發展外，亦因為用戶在網絡中的社交活動跟現實相似，不管遊戲中或討論區等交流平台，也能夠結交朋友。

　　雖然網上社交看似便利，跟現實中的人際相處也很相似，但卻很難確定別人的真實身分，換句話說，別人使用不實身分跟你接觸也很容易，如果對方有不軌企圖，你便很容易招致損失。

　　我們該如何在網絡上保護自己呢？大家若想避免誤中陷阱，就要記緊以下三個守則：

第一、正因核實對方身分十分困難，我們更應該隱藏自己的身分，不應輕易洩漏個人資料。

第二、任何人於網絡上聲稱自己是什麼身分也不應該盡信。

第三、避免在網絡平台上或在遊戲中與他人牽涉金錢交易。如要進行商品交易，要先告訴父母，以及在安全的現實環境中跟對方接觸，以防受騙。

給我 50 元，我把這武器賣給你吧。

不，我並不認識你。

使用網上社交平台時，我們應該如何確定對方身分？

嚴格而言，社交平台的用戶身分是受到保障的，要得知陌生用戶的真實身分並不容易，而且我們也不應以獲得他人真實身分來作為保障自己的手段，因為這行為也是侵犯私隱的一種。

如果我們不應該追查他人的身分，又應該如何保障自己呢？

避免輕信他人，於網絡上要保留一份戒心，即使那人是你在現實中相識的人也一樣，因為你不會知道是不是有人在盜用你朋友的身分。

那麼強制要求網絡用戶以真實身分上網，是不是就可以解決問題了？

這種做法即是網絡實名制，事實上已有政府實行或曾經實行。它有利也有弊。好處是有可能減少網上罪行，而壞處就是網上用戶的實名資料無可避免地要集中儲存，一旦相關伺服器被入侵或資料外洩，將造成嚴重後果，多年前的南韓就是因此而取消網絡實名制。

小心分辨對方身分

網絡世界裏有些不懷好意的人，所以要時刻打醒十二分精神。

1 以下有兩個情境，假設你身處其中，你會如何應對呢？

出生入死戰友篇

第二天

猜猜我是誰篇

2 在以下網上交友事宜的選項中，請為該做的事加 ✔，不該做的事加 ✘。

A. 詢問網上陌生人的個人資料。　　　☐

B. 使用真實姓名作網名。　　　☐

C. 將個人照片傳給未知真實身分的人。　　　☐

D. 絕不輕易透露個人資料。　　　☐

寫給老師的信

「奇洛，請放下手機！跟你說過很多次，一家人在吃飯的時候不要拿手機出來，這是很基本的**餐桌禮儀**。」媽媽開口提醒着。

「為什麼我不可以用手機？平常我和朋友在外面吃飯也是一邊吃，一邊拿着手機的！何況現在還未正式開飯！」奇洛**賭氣地**說。

「那些是你朋友的生活習慣，我管不了，但是這段晚飯時間是我們**一家人一起相處**的時光，我希望你是專注在眼前一家人的分享，而不是**一心三用**，一邊看手機，一邊聽我們說話，再一邊吃飯！」媽媽開始訓示奇洛。

奇洛明白了媽媽的意思，知道自己錯了，便說：「媽媽對不起，我會注意餐桌禮儀的了，但這次可以通融一下嗎？因為同學們不確定明天是否要交一份功課，我是班長，所以我打算現在替同學**發送電郵**詢問老師。」

　　説完後，奇洛把手機展示給媽媽看，證明自己是在處理「**重要事務**」才把手機帶到餐桌上。

> 收件人：比力克老師
>
> 主旨：無標題
>
> 內容：明天要交數學習作嗎？ KL

　　媽媽説：「奇洛，這封寫給老師的電郵用字很**沒禮貌**，你應該重新發送一封新電郵。」

　　「什麼？我已經用了完整句子和有署名了！用字就和平時電話短訊一樣，有什麼問題？」奇洛不解地問。

　　媽媽解釋：「你的電郵用字總共有三個問題：第一，你沒有加上適當的**主旨**作為標題。第二，欠缺正式的**上款**，即是老師的姓名，還要加上『請問』、『謝謝』、『勞煩您』等表示尊敬對方的用字。第三，你的**署名**不應該用簡寫英文名字，應該要寫清楚你的姓名和班別。」

　　「原來發電郵是有這麼多注意事項，真麻煩！下次我還是發短訊問老師好了，方便快捷！」奇洛回應説。

比力克老師：

您好，因同學們不確定明天是否要交數學習作，所以由我代同學們向老師查詢。勞煩老師了。謝謝。

　　　　　　　　祝

　　　　　　　　身體健康

　　　　　　　　5A 班學生

　　　　　　　　奇洛　敬上

「就算是普通訊息，也要注意發訊息的對象。如果是給老師的話，雖然不用寫主旨，但是用字仍然要**有禮貌**，不能像你平常發短訊給朋友般隨意啊！數碼世界的溝通雖然更加快速方便，但這些日常生活的基本禮儀也同樣適用其中，你一定要記住基本的**數碼禮儀**啊！」媽媽語重心長地說。

數碼小學堂

有禮網絡大使

　　在我們日常的社交中大家都遵守着一些社交禮儀，以確保不會為別人帶來不快的感覺。同樣地，我們在網絡上也有一些禮儀應當遵守。以下就分享幾個比較常見的數碼禮儀吧！

◆ 對於一些重要的事情或通知，致電對方比在網上發送訊息更好。

◆ 不要在社交媒體等公開平台發布別人的個人資訊。

◆ 未經他人同意，不應在社交媒體上公開發布別人跟你的私人對話。

◆ 在通訊羣組中，應當遵守羣組的規則。

◆ 核實網上流傳的訊息後才在自己的社交媒體發布。

　　網上的社交禮儀還有很多，但其實我們在使用網絡時多顧及他人的感受，才是最重要的守則。

除了前面提及的網上社交禮儀守則外，個別社交平台會不會有自己的守則呢？

部分常見的社交平台會有自己的一套建議，大多會在私隱解說等當眼位置列出。

現在的網上通訊已不局限於社交平台等地方，有沒有其他網上通訊也有社交禮儀的？

網上通訊方法日新月異，其中的社交禮儀卻也離不開尊重他人私隱、顧及他人感受等，跟現實的社交禮儀同出一轍。以視像通話為例，私自錄影對方影像就是非常失禮的行為。

不守網上社交禮儀會有什麼後果呢？

網上社交禮儀基本上就是讓大家在網上交流時不會產生不愉快的感覺，違反了的話，大多數時候會令對方不快，影響交流。但在特定場合，例如論壇或遊戲中，在簽署使用同意書時，很多時都有保障用戶體驗的條文，太過分的言行致使破壞對方的使用體驗或遊戲體驗，可導致帳號停權。

數碼小達人訓練

沒有禮貌的網絡行為

小朋友，下面是發生在不同社交平台的例子，你認為有沒有關於社交禮儀的問題呢？

1

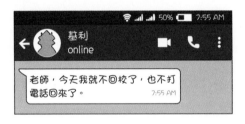

有 / 沒有問題，因為＿＿＿＿＿

＿＿＿＿＿＿＿＿＿＿＿＿＿＿

2

偷拍到同學上堂睡覺！

有 / 沒有問題，因為＿＿＿＿＿

＿＿＿＿＿＿＿＿＿＿＿＿＿＿

3

Eacebook

明洛已經申請下個月退學了，我剛剛在校務處偷看到有關文件！

有 / 沒有問題，因為＿＿＿＿＿

＿＿＿＿＿＿＿＿＿＿＿＿＿＿

4

明洛親口跟我說明天不會上學呢。

有 / 沒有問題，因為＿＿＿＿＿

＿＿＿＿＿＿＿＿＿＿＿＿＿＿

網上協作
埋頭苦幹的真相

最近因為一些特殊原因，學校需要停課。但是**停課不停學**，奇龍族學園的同學們並沒有停止學習的步伐。不過，其中一個同學們**最難適應**的轉變是需要以一個小組為單位完成**專題研習**。過往同學們都能面對面討論如何製作報告，但如今無法這樣做了。於是，同學們便嘗試利用不同的新科技在**網上協作**，共同完成專題研習。

「喂喂！你們看到我嗎？收音清楚嗎？」奇洛調整着鏡頭，測試着這個視頻會議工具，**放大了的臉**出現在眾人的電腦屏幕上。

穿着睡衣的魯飛現身於鏡頭前說：「聲音和畫面都很清晰呢！不過我待會要準時看一個電視節目，所以我們要**速戰速決**！」

「魯飛你的睡衣很可愛呢！噢！小寶你的書桌很混亂啊！」伊雪也進入會議中，笑看眾人鏡頭後的情況。

「好了！我們該開始了！大家現在是否都可以進入到我們的**共同編輯簡報**（Google Slides）裏面？我們可以一起在這裏輸入已經找到的資料，共同製作報告。」奇洛很有組長風範地主持着會議。

「請問你們是否都能看見我貼上的圖片？不如由我負責美工部分吧！」貝莉問。

「好啊！貝莉你找的圖片很精美呢！有你做美工我就放心了。那麼，小寶與伊雪就負責簡報的第一部分，魯飛與海力負責第二部分，我則負責開首與結尾，大家有沒有異議？」奇洛問。

「**贊成！**」眾人齊聲和應。

在大家都非常用心製作下，不消一會兒就已經具備基本的框架了。

突然，海力問：「魯飛，你到底是不是在認真找資料啊？你一直沒有輸入你負責的資料呢。」

在視頻會議中的魯飛沒有回應海力的質問，畫面仍

然顯示他**埋頭苦幹**的樣子。

「魯飛！魯飛你在嗎？是接收信號的問題嗎？」奇洛問。但畫面上的魯飛仍然一動不動地在工作。

此時，眾人都發現魯飛不知何時換了衣服，仔細再看，才知道原來他**偷偷關掉了**自己的鏡頭，改為使用自己工作時的照片作為頭像，讓眾人以為他仍在線上與大家一起製作簡報。

「這傢伙居然偷懶，**真可惡**！讓我把這部分的視頻記錄下來，如果他不努力製作簡報，我就告訴老師！」小寶氣憤地說。

奇洛苦笑說：「真是拿魯飛沒法！他總有辦法偷懶的！」

什麼是網上協作平台？

網上協作平台，簡而言之，就是將一些原本單機使用的應用軟件放上雲端平台，讓多名用戶可以同時修改同一份文件，例如 Google Docs 等。

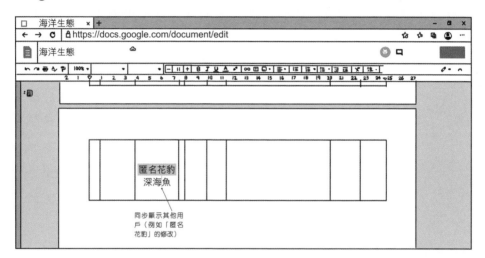

各個常見的網上協作平台都用網站作為載體，意味着用戶只要用瀏覽器連上相關網站，即可使用該協作平台。

有些網上協作平台是有特定設定的，例如有些程式開發公司內的協作平台，可讓多人在平台上一起編程和除錯；有些商業機構內部使用的平台，是需要通過特定客戶端連接的，即公司只會開放登入的權限給特定電子設備，用其他或私人的電子設備都不能登入。

要特別留意的是，傳統的辦公室軟件或工作平台中，大部分的檔案都會儲存在自己的電腦中，而網上協作平台的檔案，因為要預計有不同用戶同時接達，所以會儲存在雲端伺服器上。

網上協作平台使用雲端儲存技術，即是所有文件都要存放到雲端網絡公司嗎？會不會造成資料外洩啊？

你說得對，即使大部分雲端網絡公司在傳輸數據上都會用上加密技術，但外洩風險仍然無法避免，所以機密資料還是儲存在自己電腦較妥當。

既然說網上協作是將應用軟件放在雲端上運作，它們所儲存的文件檔案是共通的嗎？

它們的檔案格式並不完全一致，但由於兩個版本的軟件大多涉及同一多媒體元素，例如 Google Docs 及 Microsoft Word 都是用以處理文字為主的檔案，所以它們大多可以開啟對方軟件的檔案，但文字格式及版面格式就有機會未能保留。

除了辦公室軟件外，還有沒有其他軟件適用於網上協作平台呢？

當然有，例如用作儲存各食店評價的數據庫系統就很適合移到網上協作平台，讓食客可自由取用或修改資料。在大數據年代，一組數據可在雲端由不同用戶甚至公開存取，數據雲端化也是未來的大趨勢！

善用協作辦公室軟件

採用網上協作的套裝軟件，很多時候都是將一些本機運作的軟件套裝移植到協作平台上，像是 Mircosoft Office 跟 Google 的文件（Docs）、簡報（Slides）、試算表（Sheets）就是一例。

貝莉和同學要在網上完成一份學校的專題研習，她想運用雲端平台的協作辦公室軟件，你知道為什麼嗎？請在以下選項中剔選這個軟件的特點。

A. 所有儲存檔案都在本機。☐

B. 檔案存放在雲端，一個檔案可由多名用戶同時修改。☐

C. 任何可以瀏覽網頁的設備都可使用。☐

D. 由檔案擁有者批准，其他用戶才可連接檔案。☐

E. 同一檔案中，會立即顯示他人的修改。☐

只要有網絡連線，就可以使用雲端平台的協作辦公室軟件了。

心驚膽顫的匯報

「各位同學，下個月你們要交一份常識科的個人專題研習。這次我希望你們能夠利用互聯網做資料搜集，但要留意**不可以直接複製**互聯網上的資料，也要注意尋找一些**可信性高**的網站。你們選訂題目後就可以開始做資料搜集了。」迪奧老師在班上宣布。

魯飛心想：「這份報告應該很容易做，現在距離交報告的日期還有很長時間，我可以遲些才開始做呢！」

一個月後，到了要交報告的前一天，貝莉與同學一起討論着：「我昨晚終於把所有資料整理好並且製作成簡報，老師說明天會順着學號進行簡單匯報呢！」

聽到同學們的討論，魯飛才**赫然想起**這份報告，但現在已沒有足夠時間仔細做資料搜集了！

終於等到放學鐘聲響起，魯飛馬上**飛奔回家**，打算趕工完成資料搜集及匯報。

　　經過一夜趕工，魯飛帶着一雙**黑眼圈**回到學校。奇洛見狀，笑說：「你看來一夜沒睡，難道是去做小偷了？」

　　魯飛回答：「才不是呢，我是為了專題研習努力了一整晚，希望待會兒老師不會要我匯報吧！」

　　「老師已給了我們整整一個月的時間做，你這叫做**臨急抱佛腳**！」奇洛說。

上課的時候，老師請同學們逐一進行匯報。輪到貝莉時，魯飛一看到她匯報的內容，心裏馬上大叫**糟糕！**原來他的匯報內容和貝莉的內容有部分是一模一樣的，這是因為他昨晚只是胡亂在網上找一個網站，並複製了上面的內容到自己的匯報裏！想不到貝莉也參考了同樣的網站，現在更顯得他是抄襲同學的匯報了！

「魯飛同學到你了！」終於輪到魯飛了。他紅着臉，滿頭大汗的走出去，心裏面盤算着該不該向老師認錯。

經過一輪**內心交戰**，魯飛決定向老師坦白。

老師看過他的匯報內容後說：「魯飛同學，我欣賞你**坦白認錯**的勇氣，只是你忽略了網絡上很多資訊看似可以免費自由下載，實際上很多都是有**知識產權**及**版權**的。你不能夠抄襲別人的資訊就當作是自己的作品。你的匯報大量複製網站的內容，又沒有清楚列明資料出處，這樣是侵犯版權的行為呢！至於貝莉的匯報只是引用了少部分內容，而且她清楚列明出處，所以她的報告沒有問題。這次我先當作你欠交功課，我給你三天時間，請你完成後補交給我吧！」

數碼小學堂

保護知識產權的重要

知識產權是一種無形的財產權利，我們在網絡上常常接觸到的外觀設計、商標、程式及各種創作作品的版權等，均屬知識產權的保障範疇，用以保護各範疇的創作者的心血。理論上，任何人使用他們的作品都要徵得或購得他們的授權。試想想，你辛苦完成的作文或勞作，卻被同學抄襲並拿去交功課，你會有什麼感想？

可能大家會有疑問，為什麼我們要特別強調網上知識產權？是不是網上知識產權比其他的知識產權更重要？當然不是！任何知識產權都同樣重要，只是網絡世界資訊流動快，數據複製和分享更為簡單，使牽涉網上的知識產權更容易受到侵犯。

讓所有創作者都公開自己創作的使用權，不是更好嗎？

知識產權的界定，某程度上是保障創作者就該創作品的權利，包括謀利的權利，這是非常重要的，畢竟有些創作者的生計就是依靠售買他的作品，如果不能以此營生，又有誰會參與創作呢？

創作者要不要做些什麼手續來申請作品的知識產權呢？

知識產權有四個常見類別，其中版權不需要特別申請，而商標、專利、外觀設計，就要到知識產權署申報，向公眾宣示相關作品的權利。

當我們在網上瀏覽，找到有用的資訊想要取用的時候，怎麼知道那些資料有沒有版權保護呢？

如果你在網站內文章的底部或其他地方發現這個標記「©」，就是版權宣告，你在取用這些資料時，就要考慮如何取得版權了。

知識產權大配對

小朋友，以下的網絡行為侵犯了哪一種知識產權呢？

1

小丁把在 Google Play 已付費的正版電影複製下來，送給文龍及樂樂。

版權 / 商標 / 專利

2

小進開設一間網絡商店，採用了跟某知名網絡商店一樣的商標。

版權 / 商標 / 專利

3

一間藥廠研發出針對癌症的新藥，並申請了專利權。但是一名黑客入侵該藥廠的伺服器，偷取了配方。

版權 / 商標 / 專利

4

小玲在自己的網誌上發表一篇奇幻小說，但被發現跟一個英文網站的內容完全一樣，小玲只是將它翻譯成中文，也沒有標明出處。

版權 / 商標 / 專利

驚心動魄的搶購潮

「叮叮！」海力的手機傳來收到訊息的鈴聲，他馬上打開頁面查看，只見標題寫着：

緊急！請馬上廣傳親友！後天開始實施糧食管制，超市即將限購各類食品，包括零食！#已 FC*！

海力**大吃一驚**，馬上按進內文查看，內容大致描述因疫情關係，市民需要在家煮食，避免外出用膳，導致對糧食的需求大增，超市出現供不應求的情況，所以政府即將推出**糧食管制**，包括日常糧油及零食，內文更附上一幅兩名市民在超市**搶奪一包薯片**的影片連結，說是今早在超市拍攝到的情況。

海力馬上把訊息轉發到日常和同學聊天用的羣組，與他們分享這則資訊，不消一會兒，就引起了同學們在羣組內的熱烈討論。

---

* FC：英文「Fact Check」的縮寫，指已經查證。

 糟糕了!學校小賣部會否也沒有零食了?

不要啊!我最愛的薯片是否都會賣光了?我要馬上到樓下的超市買夠一箱做存貨!

 小寶!我也要!麻煩你幫我買兩包,謝謝!

我也要告訴媽媽,讓她馬上到超市去,給家裏儲存食物!

 想不到連薯片也要搶,真誇張!我應該明天把家裏的薯片拿回學校賣給同學,一定可以賣個好價錢!

　　過了一會兒,小寶傳來兩張她拍攝的照片,那是她在超市拍到的搶購潮畫面。小寶說:「真的有很多人在排隊搶購食物呢!」

　　第二天當他們回到學校後,好不容易等到小息時小賣部開放。小寶問小賣部的姨姨:「請問糧食管制之後,小賣部還會不會有足夠的薯片存貨呢?」

姨姨回答説：「傻孩子，誰説有糧食管制的？這個消息根本**未經證實**便傳出來。我今早才和供應商通過電話，確認我們有充足的來貨呢！」

海力搶着説：「不對啊！我昨天的確在電話收到這個消息，還有各區都出現搶購的現象呢！」

姨姨笑着回答：「就是有很多人誤信網上謠言，匆匆跑去搶購糧食才造成恐慌！你們不可以一看到這些資訊就盲目相信，也要看電視新聞或其他較有公信力的媒體報道才可作判斷呢！」

海力這才意識到自己把未經證實的資訊轉發出去，令大家**虛驚一場**！

數碼小學堂

分辨資訊真偽有辦法

　　最近十數年，電子設備及網絡迅速普及，資訊傳播方式比起以前有翻天覆地的變化──不論在散布速度和資訊量上均不可同日而語，正因如此，資訊有誤的可能性也大為提高，我們在接收資訊時要注意兩個地方：

第一，要判別資訊的來源是否可靠

　　我們所獲得的資訊通常是所謂「二手資訊」，也就是經過他人的轉述或翻譯，如果轉述者出錯或引入的自己立場，就會影響資訊的可信度。為了盡量減少上述的影響，在難以找到一手資訊的情況下，我們可以於有信譽的媒體尋找相關報道以印證消息。

第二，要查證資訊出現的時間

　　正因資訊湧現，當中少不免有些是舊資訊，而這種過時資訊非常容易造成誤導，加上假資訊很多時包含部分事實，這種似是而非的資訊更容易令人上當。再者，假資訊可以偏離現實，所以往往可「創作」出一些轟動的標題，吸引更多人閱讀，令網絡上的虛假消息非常容易廣泛傳播。

前面說「二手資訊」有誤的可能性較高，那麼所謂「一手資訊」是否就一定可靠呢？

「二手資訊」有可能在轉述間出現錯誤，或在中間加入個人主觀的臆測，但這並不代表「一手資訊」一定無誤，因為資訊可能由消息源頭開始就與事實不符。

我們要盡量避免使用過時資訊，那麼怎樣才算資訊「過期」？

資訊過期與否並無一定期限。要避免使用過時資訊，就應盡量找尋最新的相關資訊來引用，在沒有近期資訊下，也應盡量確保資訊仍然符合現況。

當我們接收到一段訊息後，應該根據什麼步驟來核實網上傳播的消息呢？

應先注意四個方面的資訊：什麼時間發生、在什麼地點發生、牽涉什麼人、由什麼人發出消息。
例如當我們接收到「昨天某地發生大爆炸」，我們首先可以查閱昨天的新聞來確認該時間是否真的發生相關事件。然後就要確認大爆炸是否發生在該處，再查核傷亡人數是否準確。最後看看消息有沒有提供來源，因為消息發布人可以根據一定的事實再加入誤導成分，以提高虛假訊息的可信性。

怎樣查證消息來源？

　　小朋友，你有沒有收過類似以下聲稱有消息來源的訊息呢？根據訊息內容，我們可以用什麼途徑來核實呢？緊記可以從訊息來源、時間、所牽涉的事或人等方面查證啊！

📶 �▂▄ ▂▄ 50% 🔋 7:55 AM

← 👤 **小飛**
　　　　online　　　　🎥 📞 ⋮

---

1 根據可靠消息，香港糧食供應出現嚴重問題，三日內將斷糧。

查證方法：＿＿＿＿＿＿＿＿＿＿＿＿＿＿

＿＿＿＿＿＿＿＿＿＿＿＿＿＿＿＿＿＿＿

2 根據最近的英國研究顯示，渡渡鳥會於大約一百年內，發展出超越人類的智慧。

查證方法：＿＿＿＿＿＿＿＿＿＿＿＿＿＿

＿＿＿＿＿＿＿＿＿＿＿＿＿＿＿＿＿＿＿

3 新聞速報：據 RNN 新聞報道，日本東京上空有不明飛行物體停留。

查證方法：＿＿＿＿＿＿＿＿＿＿＿＿＿＿

＿＿＿＿＿＿＿＿＿＿＿＿＿＿＿＿＿＿＿

7:55 AM

不似預期的瑞士雞翼

今天是**母親節**，奇洛和多多打算親自下廚為媽媽煮一頓飯。

媽媽看他們這麼**孝順**，便笑說：「好吧，我就全程不插手，看着你們煮一道菜給我吧！」

兩兄弟在網上搜尋了一些簡單的食譜，在超市買了一袋冰鮮雞翼回家，打算煮**瑞士雞翼**給媽媽，這也是她最愛的菜式之一。

開始煮食前，媽媽特意提醒他們：「你們記得要仔細跟着食譜裏面的**步驟**，可不要看錯啊！」

	瑞士雞翼食譜
材料	雞翼 1 磅、葱 4 棵、瑞士汁 400 毫升、冰糖 100 克、水 200 毫升
做法	1. 先解凍雞翼。將葱切段，放入一鍋滾水中。
	2. 放進雞翼，待 10 分鐘後撈起，放入冰水中浸 10 分鐘，瀝乾。
	3. 將瑞士汁、水、冰糖放在鍋中煮滾，試味調校合適甜度。
	4. 加入雞翼煮約 5 分鐘，關火加蓋焗 20-25 分鐘即可。

　　兩兄弟手忙腳亂地跟着食譜一步步地準備食材，媽媽看着他們做得認真，實在感動，好幾次想插手幫忙，但都被奇洛拒絕了。

　　他們**小心翼翼地**按照食譜的內容，把雞翼放進已經煮滾的瑞士汁內，終於順利完成最後一個步驟。

　　正當他們**滿心期待地**撈起鍋中的一隻雞翼打算試味時，媽媽卻叫停了他們：「先別把雞翼放入口中，你們嘗試拿刀叉切開雞翼，看看裏面是否已經煮熟了？」

　　「咦？為什麼裏面的雞肉還是紅紅的仍有血水？我們已經按照食譜的每一個步驟做了呀！」奇洛不解地問。

　　「其實你們**接近成功**的了，大致的煮食步驟都正確，唯獨是做漏了一個步驟，所以雞翼還未熟透。你們知道自己做漏了什麼嗎？」媽媽嘗試引導他們思考。

　　「嗯……沒有啊，所有步驟、材料、時間控制，都和食譜裏寫的一模一樣，問題出在哪裏呢？」奇洛仍是摸不着頭腦。

「問題就出於你們看漏了要『**先解凍**』這三個字，你們從冰箱拿出的雞翼還是被雪藏得硬梆梆的，就算之後的步驟正確也難以煮熟了！所以你們不要輕視按正確程序執行指令的重要性啊！簡單如煮食，複雜如電腦系統，都是同一道理，必須按照正確的步驟及序列啊！」媽媽說。

「那麼我們這次的瑞士雞翼是否失敗了？」多多失望地說。

媽媽說：「雖然步驟出錯，但仍可**補救**，多煮一會兒就可以了！讓媽媽來吧，你們的孝心我感受到了。」

演算法及編程在生活中的應用

演算法及編程

演算法和編程有什麼不同？演算法是解決問題的方法，我們會就一個問題來構思步驟，形成一個解決方案。這種解決方案並不一定要放在電腦運行，換言之，演算法屬於我們的構思。之後，我們將解決方案寫入電腦，成為對電腦的指令，讓它自動解決問題，就是編程。

現代的電器大多會替我們自動完成一部分的工作，很多時候都會包括數個步驟：我們需要預先設定程式，讓它們懂得依照先後次序執行這些動作。例如洗衣機要先沖水，再攪拌衣服，最後脫水，就是有程式在背後操作的例子。

輸入和輸出

不管程式當中做了什麼，其實我們的目的都是以特定的輸入來形成我們想要的輸出。例如在汽水機投入硬幣，得出的是一罐汽水，當中的機器結構和動作，我們未必需要完全清楚。又例如一個計算身高體重指數（Body Mass Index，簡稱 BMI）的程序，我們知道輸入的是身高和體重，而中間的程式就會根據以上的輸入計算 BMI，這就是輸出。我們可以把輸出視為程式的結果，因此十分重要。

上面幾個概念是最基礎的部分，在編程領域內還有很多其他範疇需要理解，例如流程控制、變量設定等，對這些感興趣的小朋友可以去探討一下。

我們將程式寫入電腦和電器讓它執行任務，如果沒有我們的程式，電腦或電器就一定不會運作嗎？

暫時而言，的確如此。就算能夠在某程度上自動執行任務的電腦或機械人，其實也是由人類預先編寫程式來控制。例如對答機械人，也要有程序編寫員來用指令教它如何回答不同的問題。

看電影時，我們可以看到一些機械人有自主動作，也有自己的判斷。現實中有這種強大的機械人嗎？

這牽涉人工智能的範疇，現階段還未有這種先進的人工智能。人工智能的定義是，機械或電腦能自動化地替人類完成一些特定工作。本質上，人工智能也是由人類編寫的程式，不過這種程式被設定成能根據經歷來學習如何做出自主反應，而不用每一個反應都經由人類來預設指令。不過在現實中，目前的人工智能，所能做出的判斷和學習大都只局限在某一範疇。例如下棋的人工智能，它的自行學習能力僅局限於某種棋類遊戲。

如果有一天人工智能技術發展到可讓機械人或電腦在不受限制的範疇自主學習，又可以作出自由的回應和動作，那電影中的人工智能就會出現。😎

輸入與輸出

　　作為一般用家的我們，不用完全清楚所有電腦或電器的程式內執行什麼步驟，只要知道該程式的輸入及輸出，就可以運用自如了。小朋友，以下有不同的情況，請嘗試找出它們的輸入和輸出吧！

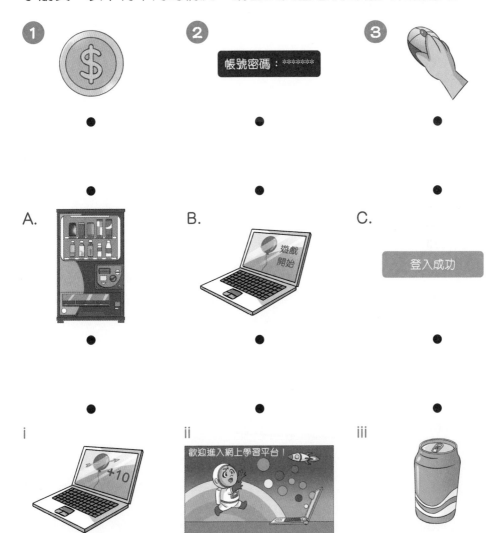

數碼小達人訓練答案

第11頁：為什麼無法連上網站？
1. B；2. C；3. A

第17頁：設計智能家居
（參考答案）
1. 為食物加入電子標籤，食物快到期時通知住戶。
2. 如果家中照明全部關上，就自動關機。
3. 住戶外出時自動關上。
挑戰題：自由回答

第23頁：網速對通訊有何影響？
1. A；2. C；3. B
挑戰題（參考答案）：3D投影（現時只能在機器顯示而未能往外投影）

第29頁：雲端服務知多少？
1. A；2. B；3. A和B（檢視者只能檢視內容；留言者可在內文加入標籤留言）

第35頁：如何善用虛擬實境？
全部皆是

第41頁：善用搜尋引擎工具
1. 圖片搜尋
2. 影片搜尋
3. 地圖搜尋

第47頁：我有網絡成癮嗎？
告訴老師：不錯，讓老師判斷應該找什麼人幫忙。
告訴社工：社工也是處理這種問題的專家呢！
告訴他的父母：可先告訴老師或社工，因為直接告訴他的父母可能會令他們吵架。
教訓他一頓：這是最不可取的！

第53頁：設定密碼要小心
1. 全部都是數字；那可能是小寶的出生日期。
2. tY673o91較好，因為具大小階英文字和數字；沒有與個人資料相似的部分。

第59頁：精明使用公共網絡
1. B，因為有鎖圖案表示會為數據加密，比較安全。
2. B、C、D

第65頁：網上購物
1. 脆脆朱古力（特別版）；長途運輸期間朱古力可能會融掉。
2. 不是；最初顯示的價錢是美金！

第71頁：使用電子貨幣付款
1. A、B、C；2. A、D

第77頁：如何運用大數據？

全部皆是

第83頁：受到網絡欺凌怎麼辦？

自由回答

第89頁：哪個是網絡陷阱呢？

B和C最有可能是網絡陷阱。

此外，雖然D不是網絡陷阱，但長時間玩網絡遊戲，令身體缺乏休息，也是不應該的啊！

第95頁：小心分辨對方身分

1. 出生入死戰友篇：你可給他提供遊戲官方聯絡方法，避免自己損失的風險。若對方不是騙徒，你也提供了有用的幫助。

   猜猜我是誰篇：任何特別優惠也要向官方求證，交易時也盡可能跟官方直接交易，不要經中間人。

2. A、B、C：✘；D：✔

第101頁：沒有禮貌的網絡行為

1. 有問題，因為這是重要的事情，應請家長致電老師。
2. 有問題，因為未經對方同意便發布別人的照片。
3. 有問題，因為未經對方同意便公開別人的私隱。

4. 有問題，因為這是明洛跟你說的話，卻不代表他同意你轉告別人。

第107頁：善用協作辦公室軟件

B、C、D、E

第113頁：知識產權大配對

1. 版權；2. 商標；3. 專利；4. 版權

第119頁：怎樣查證消息來源？

1. 涉及香港糧食，可由糧食相關新聞着手。
2. 可由英國研究入手，另外可搜尋渡渡鳥的消息（事實上，這種鳥已絕種了呢！）
3. 聲稱有消息來源，那就直接到RNN新聞網站求證。

第125頁：輸入與輸出

1→A→iii；2→C→ii；3→B→i

奇龍族學園
數碼力大啟動

作　　者：黃書熙　何俊熹
繪　　圖：岑卓華
責任編輯：潘曉華
美術設計：鄭雅玲
出　　版：新雅文化事業有限公司
　　　　　香港英皇道499號北角工業大廈18樓
　　　　　電話：（852）2138 7998
　　　　　傳真：（852）2597 4003
　　　　　網址：http://www.sunya.com.hk
　　　　　電郵：marketing@sunya.com.hk
發　　行：香港聯合書刊物流有限公司
　　　　　香港荃灣德士古道220-248號荃灣工業中心16樓
　　　　　電話：（852）2150 2100
　　　　　傳真：（852）2407 3062
　　　　　電郵：info@suplogistics.com.hk
印　　刷：中華商務彩色印刷有限公司
　　　　　香港新界大埔汀麗路36號
版　　次：二〇二一年七月初版

ISBN : 978-962-08-7826-8